만화로 읽으면
안 어려운 천문학

만화로 읽으면 안 어려운 천문학

우주 초심자를 위한 유쾌한 교양 천문학

이즐라 지음 | 지웅배 감수

더숲

감수의 글

 나는 천문학자다. 내게 우주는 지구의 답답함과 스트레스를 벗어나는 안식처이자 밥벌이를 위한 일터이기도 하다. 그런데 그런 내게 안타까운 현실이 하나 있다. 사람들은 우주를 좋아하지만, 천문학은 그다지 좋아하지 않는다. 허블과 제임스웹이 촬영한 장엄한 우주 사진을 스마트폰 배경으로 설정한 사람을 자주 볼 수 있고, 우주를 배경으로 한 SF 영화가 흥행에 성공하는 경우도 많지만, 정작 천문학 앞에 서면 대부분 돌아서버린다. 우주에 가장 가깝게 다가갈 수 있는 길이 바로 천문학인데도 말이다. 당신도 한 번 가슴에 손을 얹고 생각해 보라. 당신이 지금껏 좋아했던 건 우주인가, 아니면 천문학인가? 아마 우주였을 가능성이 클 것이다.

 우주에 비해 천문학이 외면받는 이유는 여러 가지가 있겠지만, 특히 천문학이 가진 역사적 완결성이라는 특성이 주요 방해 요인으로 작용한다고 생각한다. 천문학의 역사는 너무나 방대하다. 하나를 알기 위해서는 그것만으로는 충분치 않다. 그 이전에 어떤 노력과 논쟁이 이어져왔는지 배경에 대한 이해가 필요하다. 또 그 배경을 알기 위해서는 더욱 더 과거의 배경을 알아야 한다. 중간에 잠시라도 정신을 놓으면 더 이상 따라갈 수 없게 된다. 이러한 방대한 역사, 그리고 각기 다른 천문학적 발견과 순간들이 유기적으로 얽혀있다는 점은 사람들이 천문학을 깊게 맛보는 것을 부담스럽게 만든다.

하지만 과학 역시 결국 사람이 하는 일이다. 수십만 년 전 호모 사피엔스가 처음으로 허리를 펴고 밤하늘을 올려다본 이래 인류는 한 번도 하늘 보기를 멈추지 않았다. 긴 인류의 역사 속에서 과학은 항상 우리 삶의 일부였다. 누군가는 순수한 호기심으로, 또 누군가는 라이벌에 대한 질투심으로 위대한 발견을 이루었다. 종교개혁, 르네상스, 대항해 시대, 냉전 시대 등 수많은 역사적 사건의 배경에도 항상 과학이 존재했다. 과학은 객관적인 눈으로 우주를 바라보지만 결국 사람이 만들어가는 것이기에 그 속에는 인간의 냄새가 짙게 배어 있다. 천문학의 역사 역시 난세의 영웅과 비겁한 배신자, 고집 센 꼰대와 무모한 몽상가들의 드라마로 가득 차 있다. 이처럼 인간적인 천문학자들의 이야기를 통해 새로운 재미와 매력을 발견한다면, 비로소 우주 너머의 천문학 세계로 발을 내딛게 될 것이다.

그런 의미에서 이 책은 내게 완전히 새로운 충격으로 다가왔다. 나는 이 책을 만나고 나서야 만화야말로 천문학자들의 드라마를 가장 매력적으로 담아낼 수 있는 장르였다는 사실을 깨달았다. 보통 과학을 소재로 한 만화는 어린 학생들을 위한 학습 만화 정도로 여기기 쉽다. 어른이 보기에는 다소 유치할 거라고 무시되기 십상이다. 하지만 이 책은 그런 편견을 멋지게 깨버린다. 어른도 볼 수 있는 책이 아니라, 오히려 어른에게 더욱 적합한 작품이다. 나는 이 책의 마지막 장을 넘기며 이것을 단순히 천문학 교양 만화라고 정의하고 싶지 않다는 생각을 했다. 그렇게 흔하고 평범한 표현으로는 이 작품이 전하는 특별한 감동과 재미를 충분히 담아낼 수 없기 때문이다. 천문학을 주제로 한 그래픽 노블이라고 해야 할까? 이마저도 적절치 않다. 이 책은 단지 천문학 지식을 만화라는 형식으로 전달하려 하지 않는다. 이 책이 진정으로 전달하는 것은 천문학을 향한 작가의 깊은 사랑과 열정이다. 천문학을 진심으로 사랑하는 사람이 그린 힐링툰이라 부르는 것이 어울릴지도 모르겠다. 내 부족한 표현력으로 정확한 정의를 내리기는 어렵지만, 확실한 것은 이 책이 기존의 과학 교양서들과는 확연히 구별되는, 완전히 새로운 장르의 작품이라는 사실이다.

그렇다고 해서 이 책이 천문학을 가볍게 다루는 것은 결코 아니다. 작품 속에 등장하는 천문학자들의 논문과 실제 발언들은 꼼꼼한 조사와 철저한 레퍼런스를 바탕으로 하고 있다. 특히 최근 천문학계에서 활발히 논의되고 있는 최신 이슈와 발견까지 담고 있어서, 수백 년 전의 오래된 이야기가 아닌 현재를 살아가는 천문학자들의 고민과 공감을 생생히 느낄 수 있다. 작품의 세련된 그림체와 적재적소에 담긴 유머가 작품을 더욱 매력적으로 만든다. 우주를 넘어 천문학 자체를 사랑하는 작가의 마음이 진하게 느껴진다. 이 책은 천문학을 진심으로 사랑하는 사람만이 만들어낼 수 있는 작품이라고 확신한다. 그렇기에 이 작품을 읽는 사람들 역시 분명히 천문학과 사랑에 빠지게 될 것이다.

_ 천문학자 **지웅배** (우주먼지)

차례

감수의 글 　　　　　　　　　　　　　　　　　　　　　004

들어가는 말 - 우주, 좋아하세요?　　　　　　　　　　　011

1장. 우리는 한때 우주의 중심이었다 - 고대 우주론　　023

2장. 가장 위대한 지적 혁명 - 지동설　　　　　　　　　047

3장. '뉴턴이 있으라!' 그러자 모든 것이 밝아졌다 - 고전 역학　　071

4장. 아인슈타인, 전설의 시작 - 특수 상대성 이론　　　093

5장. 세상에서 가장 아름다운 과학 이론 - 일반 상대성 이론　　115

6장. 20세기 천문학의 마법 같은 순간 - 팽창하는 우주　　139

7장. 태초에 빅뱅이 있었다 - 빅뱅 이론 I　　　　　　　163

8장. 빅뱅의 화석, 우주배경복사 - 빅뱅 이론 II　　　　　　　　189

9장. 인플레이션 우주론, 암흑물질, 암흑에너지 - 빅뱅 이론 III　　211

10장. 우주에서 가장 기묘한 이야기 - 양자 역학 I　　　　　　　237

11장. 이해할 수 없음에도 불구하고 - 양자 역학 II　　　　　　　261

12장. 우주는 진동하는 끈인가? 혹은 막幕인가? - 초끈 이론　　　289

감사의 말　　　　　　　　　　　　　　　　　　　　　　　　314

미주　　　　　　　　　　　　　　　　　　　　　　　　　　318

용어 사전　　　　　　　　　　　　　　　　　　　　　　　　320

참고 문헌　　　　　　　　　　　　　　　　　　　　　　　　323

들어가는 말

우주, 좋아하세요?

나는 늘 첫 문장이 어렵다. 그래서 그 자리에 오래 머문다.
텅 빈 모니터 화면을 오래 보고 있으면, 눈은 침침해지고 머리는 멍해진다.

텅 빈 우주의 심연으로 졸졸졸 빨려드는 기분이랄까.
불현듯 19세기 독일 철학자 니체가 쓴 알쏭달쏭한 문장이 떠오른다.

프리드리히 니체

알듯 말듯 무슨 말인지 혼란스럽지만,
아무튼 뭔가 대단히 심오하다는 소리다.
당신도 이 책의 마지막 페이지를 다다르면 비슷한 감정을 느낄 것이다.

천문학은 인류의 가장 오래된 학문이다.
'별의 법칙'이라는 의미를 지닌 천문학Astronomy은,
별뿐만 아니라 혜성, 행성, 은하 등 우주에 존재하는 '거의 모든 것'을 연구한다.

천문학을 읽기 전 미리 알아두면 좋은 점은
천문학은 물리학의 가장 친한 짝꿍이라는 것이다.
특히 현대 천문학은 물리학을 빼고 이야기할 수 없다.
(이 만화의 후반에는 물리학 중심으로 이야기가 펼쳐진다.)

※ 그래서 지금은 천문학과 천체물리학을 거의 같은 의미로 사용한다.

천문학 이론은 수학을 통해 보다 근본적인 이해가 가능하다.
하지만 이 만화에서 수학적인 이야기는 하지 않을 것이다.

이 책의 궁극적 목적은 학문적 깊이를 추구하는 것이 아니기 때문이다.
이 만화는 전체적인 맥락을 짚어가며
기초적인 개념을 가볍게 풀어낼 뿐이다.

천문학은 끌어안고 있는 분야가 무척 넓어서 다양한 세부 분야로 쪼갤 수 있다.
그래서 아무리 푸짐한 천문학 서적이라도 천문학의 모든 분야를 전부 아우르기란 불가능하다.
이 책에서 다루는 내용도 천문학이라는 거대한 파이의 작은 조각일 수밖에 없다는 이야기다.

이 만화는 천문학의 역사를 우주론 중심으로 살짝 찔러볼 것이다.
천문학에서 중요한 과학자들과 함께 상대성 이론, 빅뱅 이론,
인플레이션 우주론, 끈 이론, 다중 우주 이론 등이 나온다.

우리 삶에 천문학이 '반드시' 필요한 것은 아니다.
천문학뿐 아니라 인간이 꼭 알아야 하는 이론이나 학문 같은 것은 없다.

그렇다면 우리는 왜 천문학을 알고 싶어 하고, 왜 이 책을 읽고 있는 걸까?

별처럼 무수한 책들 중에서 이 책을 선택했다면,
당신도 나처럼 우주를 좋아하는 사람이다.

바쁘고, 아프고, 귀찮고, 피곤한 일상에서
진심으로 무언가를 좋아할 수 있다는 건
어쩌면 작은 기적일지도 모른다.

내가 좋아하는 삶의 진실 중 하나는 이것이다.
무언가를 더 자주, 더 많이 좋아할수록,
인생은 더 넓어지고, 더 깊어진다.

천문학을 읽는다는 것은 유한한 인간의 직관을 넘어,
무한한 우주의 세계관을 받아들이는 SF적 경험이다.
나는 이것을 생각할 때마다
영화 〈매트릭스 2 – 리로디드〉의 카피 문구를 떠올린다.

아직 천문학이 낯선 당신이라면 정말 그렇게 될 것이다.
그리고 이 만화는 그런 당신에게 꼭 맞는 책이 될 것이다. (아마도.)

1장
고대 우주론

우리는 한때 우주의 중심이었다

이제, 차근차근 시작해 보자.
당신이 태어났을 때 우주의 중심은 당신이었다.

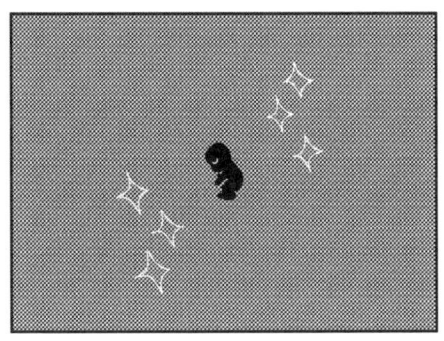

최초의 우리는 모두 우주의 중심에서 출발했다.
갓난아기의 우주는 자신을 중심으로 태평하게 돌아간다.

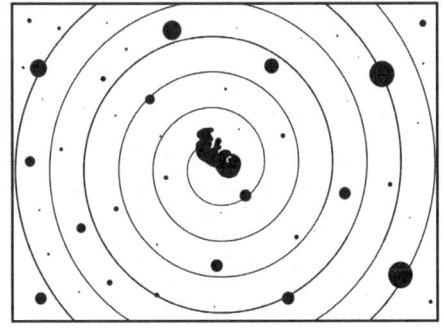

보라!
아기는 우주 어디선가 요란한 사건이 폭죽처럼 터지고, 퍼지고, 흩어져도
그저 양육자의 무한한 보살핌을 흡수하며 씩씩한 울음을 터뜨릴 뿐이다.

마치 그것이
우주에서 가장 중요한
일이라는 듯이.

우주에
오직 자신만
존재하는 것처럼.

아기의 최초 도약은
자신이 속한 우주의 경계를 처음 확장하는 순간 시작된다.
이 세상에 나의 우주만 있는 줄 알았는데,
너에게도 너의 우주가 있다는 사실을 깨닫는 것이다.

나의 우주는 너의 우주만큼 팽창하고
우리의 우주는 함께 껴안으면서 넉넉해진다.
어른이 된다는 것은 우리라는 울타리의 품에
나와 다른 무언가를 들이면서 넓어지는 과정이다.

인류 문명은 막 걸음마를 떼기 시작한 유아기부터 하늘을 올려다보기 시작했다.
그들은 별자리를 만들고, 하늘에서 일어나는 사건을 기록하고, 규칙을 발견했다.

하지만 이 모든 것의 중심이 무엇인지는 알지 못했다.
우주의 중심은 어디에 있을까?

이 이야기는 고대 그리스에서 출발한다.
고대 그리스는 서양 문명의 요람이면서,
거의 모든 서양 문화의 본격적인 첫걸음이기도 하다.

몹시 똑똑했던 고대 그리스 사람들은
우주를 어떻게 이해하고 있었을까?

기원전 7세기 후반에서 6세기 초 사이에 활동했던
철학자 탈레스는 고대 그리스의 7현인 중 한 명으로 꼽힐 만큼 똑똑했다.
그는 기원전 585년 5월 28일에 일어난 일식을 정확하게 예측했다.

당시에는 이해할 수 없는 모든 현상을
신의 뜻으로 해석하던 시대였다.
하지만 탈레스는 신의 분노로
일식이 일어난 게 아님을 깨달았다.
그는 신의 존재 밖에서 우주의 메커니즘을
더듬던 (기록상) 최초의 인물이었다.

탈레스는 우주의 근원이 물이라고 제안했다.
옳은 답은 아니었지만,
적어도 우주의 근원이 신이 아니라
물처럼 물리적인 요소라고 생각했다.

기원전 6세기 중반에 활동했던 철학자 아낙시만드로스는
물이 아닌 **아페이론**Aperion으로부터 우주가 형성된다고 주장했다.
아페이론은 '무한함' 또는 '형태 없음'을 뜻하는 말로,
그 자체로 영원한 운동을 하는 규정할 수 없는 무엇이다.

아낙시만드로스는 지구를 하늘에 떠 있는 원기둥이라고 생각했고,
지구 주위를 별, 달, 태양이 순서대로 원을 그리며 돌고 있다고 보았다.
놀라운 점은 당시 사람들이 지구의 아래쪽은 땅이고 위쪽은 하늘이라고 믿고 있었을 때,
지구의 아래쪽에도 하늘이 있다고 생각했다는 점이다.

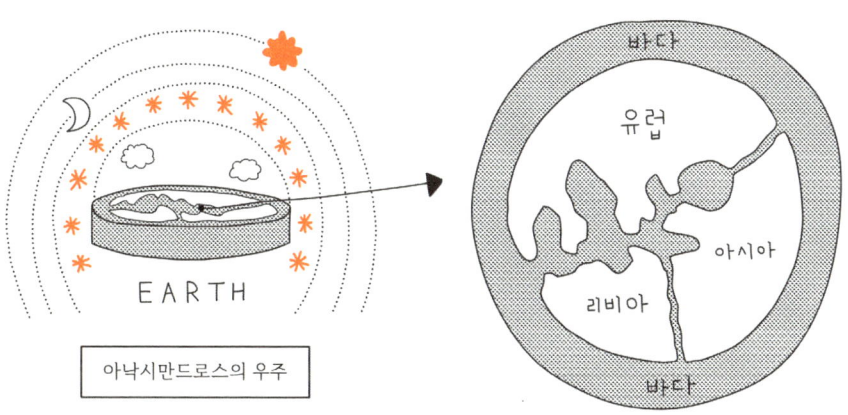

즉 지구는 아무런 받침대 없이 허공에 떠있다!
물리학자 카를로 로벨리는 이를 가리켜 우주론의 혁명이라고 평가했다.
또한 그는 자신의 저서에 최초의 과학혁명은
아낙시만드로스로부터 시작되었다고 적기도 했다.

지구가 둥글다고 생각한 최초의 인물은
기원전 6세기에 활동했던 피타고라스였다.
피타고라스는 조화로움과 질서라는 의미에서 우주를 가리켜
코스모스Cosmos라고 칭한 최초의 인물이기도 하다.

피타고라스

그는 거의 종교적 신념으로 '모든 것은 숫자다!'라고 생각했던 사람이었고,
형태의 순수성을 근거로 지구는 완전한 **구球**라고 생각했다.

기원전 3세기에서 2세기 초까지 살았던 에라토스테네스는
지구의 표면이 곡면이라는 것을 실험과 관찰을 통해 증명하기도 했다.

그는 서로 다른 두 지역에서 꽂은 막대기의 그림자를 비교하여
지구가 둥글다는 것을 깨달았고, 나아가 지구의 둘레까지 계산했다.

▲ 《코스모스》로 유명한 미국의 천문학자.

고대 그리스에는 서양 철학사의 거의 모든 것이라고
할 수 있는 두 명의 철학자가 있다.
바로 플라톤과 아리스토텔레스.

그 두 거인은 기존의 학설을 종합하여 **지구 중심설**Geocentric theory이라고
불리는 모델을 만들었다. 지구 중심설이란 우주의 중심이 지구라고 믿었던
우주관으로 흔히 **천동설**天動說이라고도 부른다.

플라톤과 아리스토텔레스의 우주 모형은 기하학적으로 완벽한 구로 이루어져 있으며, 행성은 매끈한 원 궤도를 그리며 돌고 있다.

항성 Fixed star
스스로 빛을 내는 천체.
별과 동의어이다.
(※ 당연히 태양도 별이다.)

행성 Planet
항성 주변을 공전하는 구형에 가까운 모양의 천체.

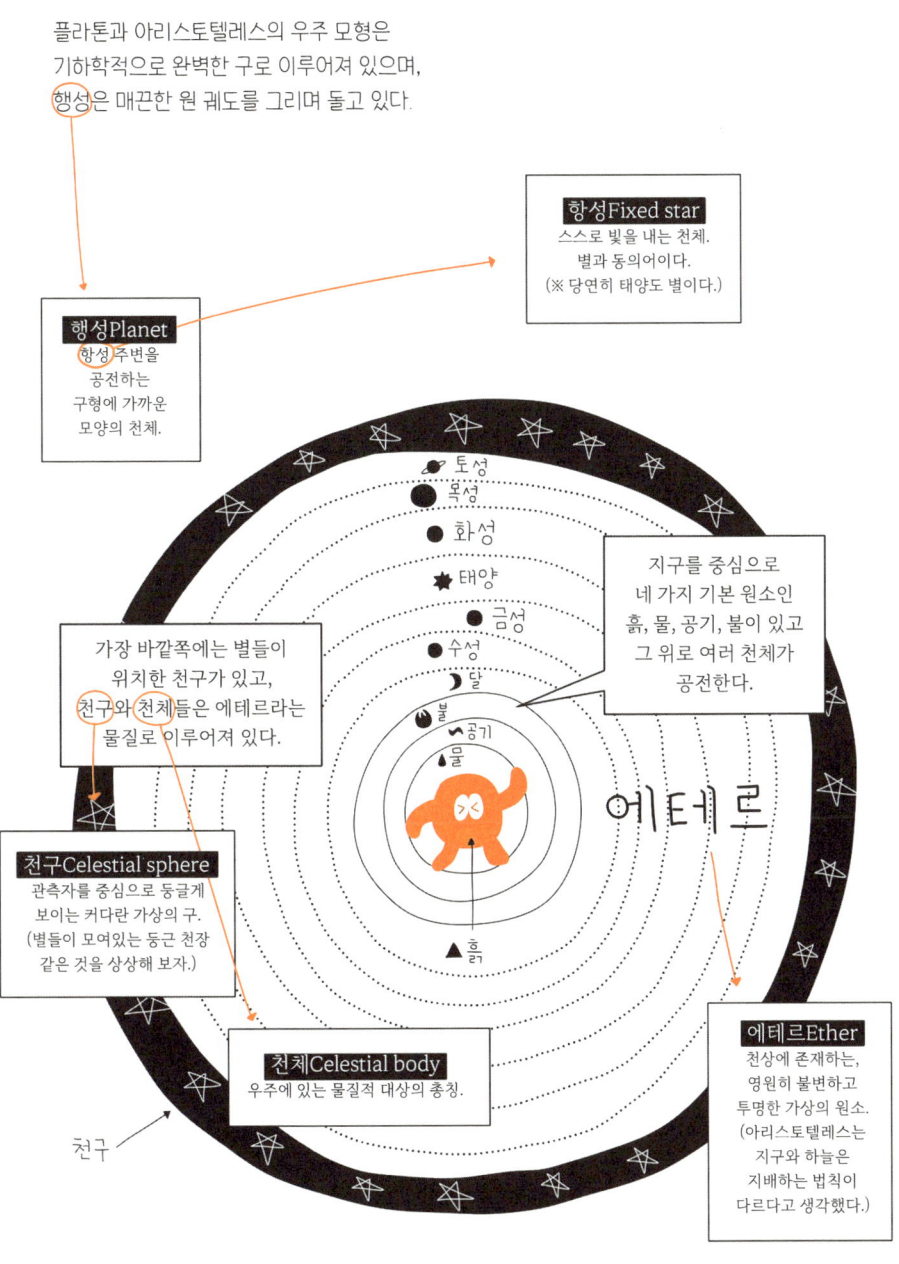

가장 바깥쪽에는 별들이 위치한 천구가 있고, 천구와 천체들은 에테르라는 물질로 이루어져 있다.

지구를 중심으로 네 가지 기본 원소인 흙, 물, 공기, 불이 있고 그 위로 여러 천체가 공전한다.

천구 Celestial sphere
관측자를 중심으로 둥글게 보이는 커다란 가상의 구.
(별들이 모여있는 둥근 천장 같은 것을 상상해 보자.)

천체 Celestial body
우주에 있는 물질적 대상의 총칭.

에테르 Ether
천상에 존재하는, 영원히 불변하고 투명한 가상의 원소.
(아리스토텔레스는 지구와 하늘은 지배하는 법칙이 다르다고 생각했다.)

당시 지구 중심설을 믿었던 사람들에게는 나름의 합리적인 이유가 있었다. 지금 우리가 그러하듯 고대인들은 자전이나 공전으로 인한 지구의 움직임을 느낄 수 없었다. 따라서 지구는 고정되어 있고 움직이는 것은 하늘이라고 생각하는 편이 자연스러웠을 것이다.

게다가 지구가 태양 주위를 공전한다면 지구의 위치에 따라 시선 방향이 변하므로 가까이 있는 별은 멀리 있는 별을 기준으로 위치가 다르게 보여야 한다. 즉 **시차**Parallax가 나타나야 한다.

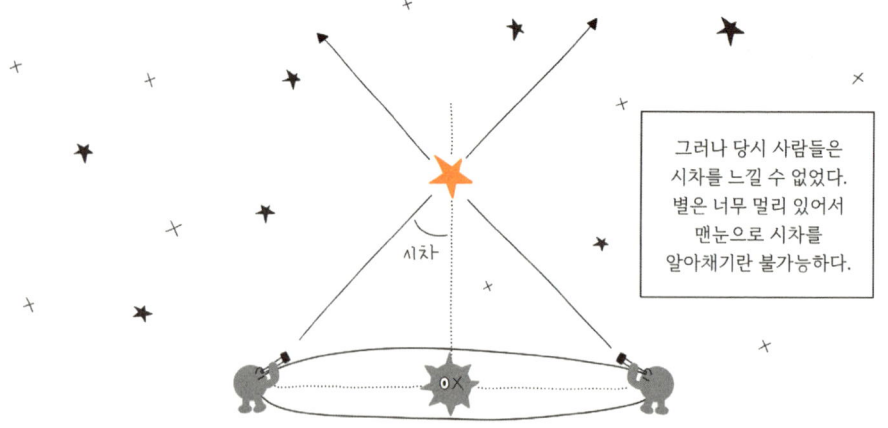

물론 지구 중심설에 아무 문제가 없던 것은 아니었다.
지구 중심 우주 모형에 의하면 행성은 완벽한 원 궤도를 돌아야 하는데,
어떤 행성이 중간에 방향을 바꾸면서 역행하는 움직임을 보인 것이다.

역행 현상이 두드러지는 화성의 궤적을
시간에 따라 그려보면 대충 아래와 같은 모습이다.

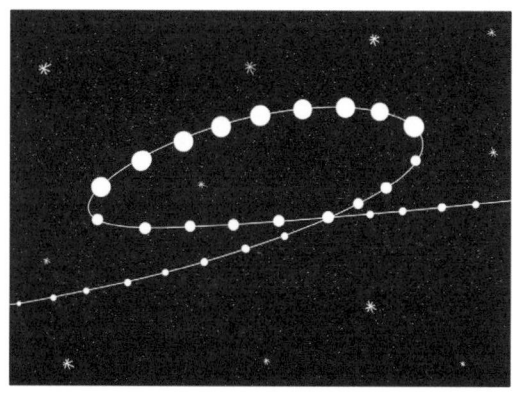

플라톤에게 원은 영원과 완벽의 상징이자 신성한 우주의 원리였다.
어찌 행성의 궤도가 원이 아닐 수 있을까? 기원전 3세기,
불온한 역행 문제를 처리하기 위해 새로운 아이디어가 등장했다.
주전원Epicycle이라는 신박한 개념이었다.

지구 중심설은 주전원이 추가되면서 덜 깔끔한 모양이 되었지만,
여전히 원이라는 틀 안에서 아름다움을 유지할 수 있었다.

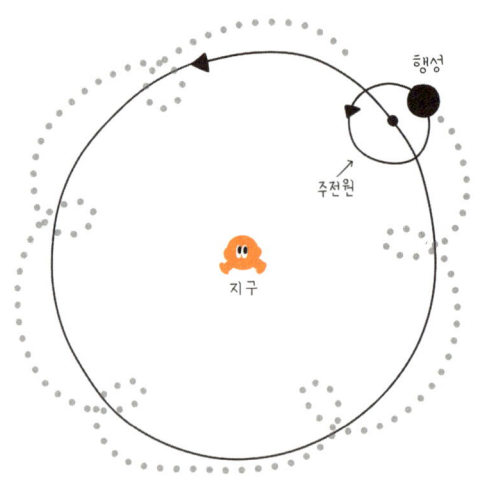

한편 고대 천동설을 하나의 체계로 완성한 인물은
기원후 2세기, 로마 통치하의 이집트 알렉산드리아에서
활동했던 권위 있는 학자 프톨레마이오스였다.

프톨레마이오스는 《천문학 집대성》이라는
최초의 천문학책도 썼다. 이 책의 제목은 아랍어 번역본인
《알마게스트Almagest》라는 이름으로 널리 알려져 있다.

관측에 맞춰 세심하게 수정된 프톨레마이오스의 우주 모델은
그 후로도 쭉, 비교적 날카롭게
행성의 움직임을 예측할 수 있었다.

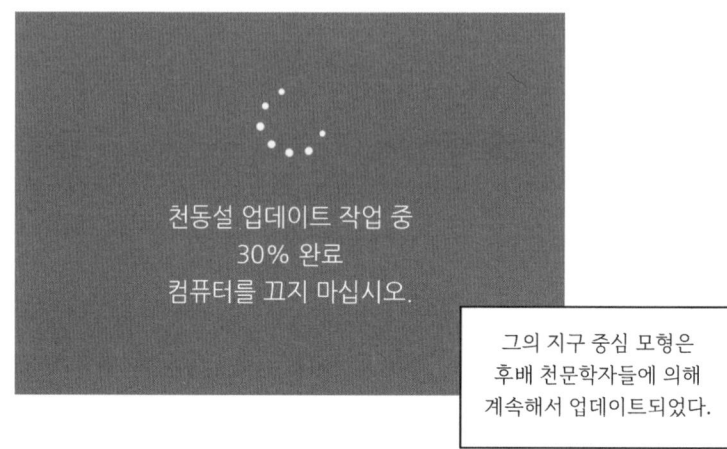

그의 지구 중심 모형은
후배 천문학자들에 의해
계속해서 업데이트되었다.

그러나 더 중요한 점은 천동설이 교회의 선택을 받았다는 것이다.
천동설을 의심하려면 (거의) 목숨을 걸어야 했다.
이로 인해 천문학은 제자리걸음을 반복했다.
얼마만큼? 천 년 동안!

마지막으로 잠깐!
모두가 지구 중심설을 떠받들 때
태양 중심설 Heliocentric theory을 제안한 사람이 있었다.

기원전 3세기, 그리스 천문학자 아리스타르코스는
최초로 우주의 중심이 태양이라고 주장한 인물이다.
그는 달빛이 태양에서 나온 빛이라고 생각했고,
별도 태양과 같은 존재라고 보았다.

아리스타르코스는 태양이 지구보다 월등히 크며
아주 멀리 떨어져 있다고 보았다.
월식이 일어날 때 지구의 그림자를
보고 추론한 내용이었다.

그는 무지막지하게 커다란 태양이 지구 주위를 도는 것보다,
그 반대가 합리적이라고 생각했다.

고대 우주론은 거칠게나마 한 챕터로 정리할 수 있다.
그러나 중세 우주론은 한 문장이면 충분하다.

특기할 만한 내용 (거의) 없음.

다음 이야기는 중세 천년을 건너뛰고
근대 우주론으로 넘어간다.

2장
지동설

가장 위대한 지적 혁명

아리스타르코스의 태양 중심설은 인간과 지구가
가장 특별하다는 관념에 도전한 최초의 과학 이론이었다.
그의 지동설은 너무나 시대를 앞선 이론이었기에
지나치게 오랫동안 묻혀 있었다.

그렇게 잠들어 있던 지동설을 깨워 옷을 입힌 사람이
폴란드 천문학자 니콜라우스 코페르니쿠스다.
갈릴레오의 말마따나 코페르니쿠스는 지동설의 창시자가 아니라
"복귀시킨 사람이며 입증한 사람"이다.

아리스타르코스의 지동설을 받아들인 코페르니쿠스는
1543년, 《천체의 회전에 관하여》라는 책을 출간했다.
그는 이 책의 서문에 아리스타르코스를 언급했다가 삭제했다.
왜 그랬을까?

20세기 SF의 거장 중 한 명인 아이작 아시모프는
다소 익살스러운 어조로 이렇게 추정했다.

"그는 아마도 악명 높은 그 정신이상자를 괜히 들먹였다가 말썽에 휘말리는 것을 꺼렸거나, 지동설을 생각해 낸 명예를 나누고 싶지 않아 그랬을 것이다. 나는 전자 쪽이라고 생각한다."*

《천체의 회전에 관하여》는 출간을 미루다
코페르니쿠스가 죽기 직전에 나왔다.
아마 그는 교회와 마찰을 빚고 싶지 않았을 것이다.
종교개혁의 아이콘 마르틴 루터도
지동설에 대해 이런 반응을 보였으니 말이다.

"요즘은 이런 식이다.
누구든 똑똑해 보이고 싶으면
다른 사람의 의견에
반기를 들어야 한다.

코페르니쿠스는
스스로 뭔가를 해야만 했다.
하지만 천문학 전체를 뒤집으려는
행동은 바보나 하는 짓이다."*

마르틴 루터

16세기 이탈리아의 수사 조르다노 브루노는
지구가 태양 둘레를 돈다는
코페르니쿠스의 태양 중심설을 받아들였다.

우주는
무한하다!

태양도 다른 별과
다를 바 없다!

지구 밖에도
다른 생명이
존재한다!

조르다노 브루노

그러다 이단으로 찍혔고, 몇 년 동안 종교재판을 받았다.
브루노가 끝끝내 자신의 주장을 굽히지 않자,
교회는 그의 입에 재갈을 물리고 발가벗긴 뒤 불에 태웠다.

후에 빅토르 위고 등의 지식인들이 그가 화형당한 장소에 그의 동상을 세웠다.

지동설은 천동설보다 진보한 개념이며, 상대적으로 더 진실에 가까운 이론이다.

A 행성은 한 달 뒤 어디에 있을까?

하지만 당시 막 잠에서 깬 태양 중심설은 천 년 동안 수정 보완해 오던 지구 중심설에 비해 덜 정확한 예측을 했다.

털썩

큭…

그럼에도 코페르니쿠스가 지동설을 주장했던 이유는
그것이 천동설보다 쉽고 단순했기 때문이다.

미숙했던 지동설의 성장판을 열어 준 것은
이탈리아 과학자 갈릴레오 갈릴레이였다.

갈릴레오는 망원경을 개량하여 성능을 높였고,
처음으로 망원경으로 하늘을 관찰한 사람이 되었다.

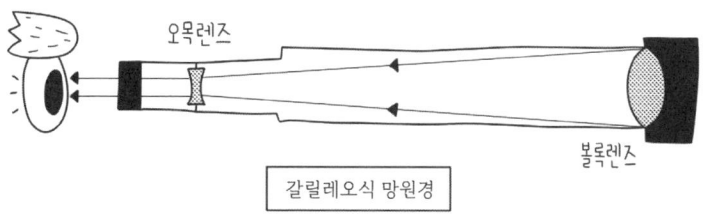

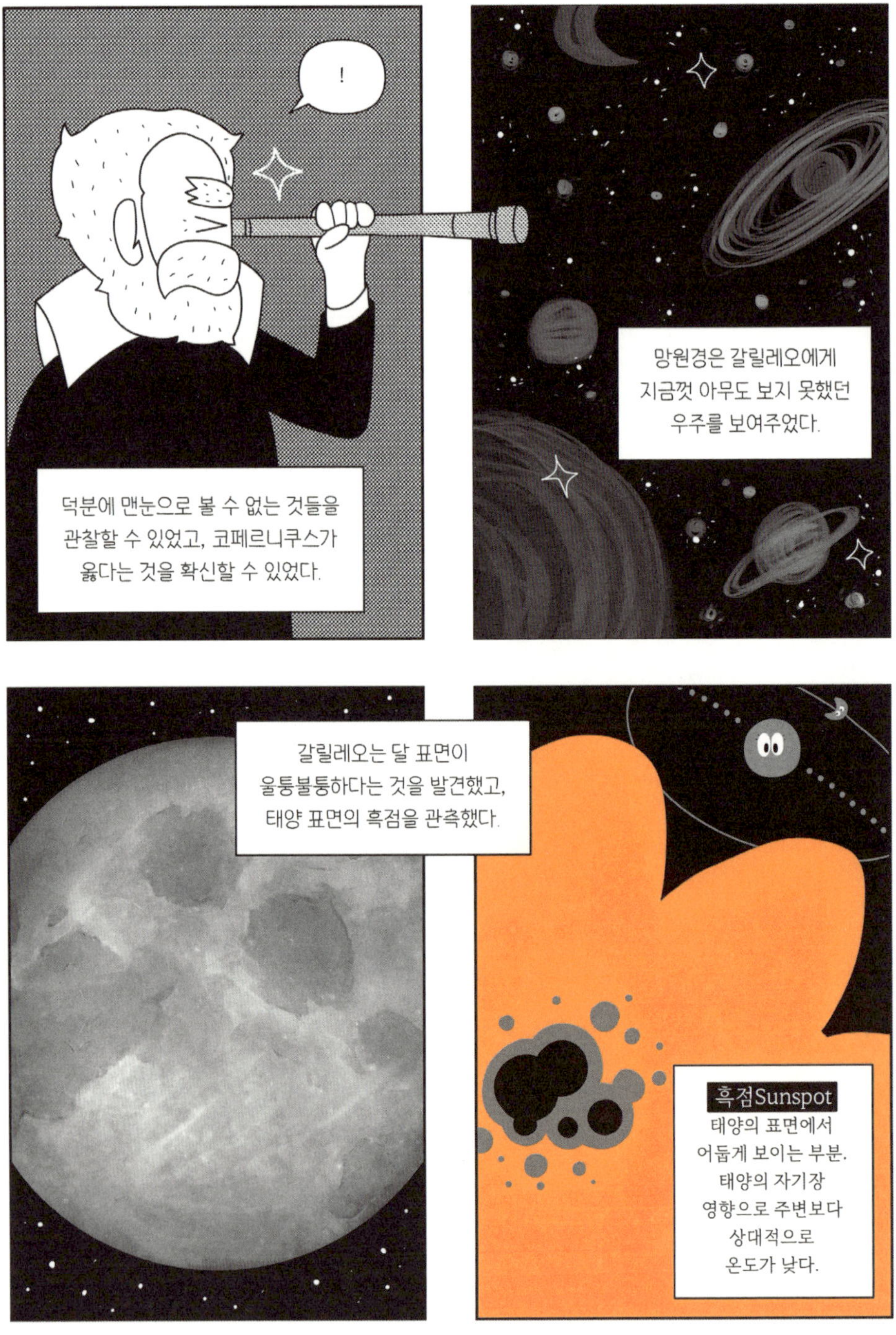

!

망원경은 갈릴레오에게 지금껏 아무도 보지 못했던 우주를 보여주었다.

덕분에 맨눈으로 볼 수 없는 것들을 관찰할 수 있었고, 코페르니쿠스가 옳다는 것을 확신할 수 있었다.

갈릴레오는 달 표면이 울퉁불퉁하다는 것을 발견했고, 태양 표면의 흑점을 관측했다.

흑점 Sunspot
태양의 표면에서 어둡게 보이는 부분. 태양의 자기장 영향으로 주변보다 상대적으로 온도가 낮다.

이것이 뭐가 문제였을까?
당시 사람들에게 달은 교회를, 태양은 신을 상징했다.
천동설 신봉자들에게 달과 태양은 완전무결하고 신성한 천체로
매끄럽고, 순수하고, 깨끗해야 했다.
그런데 그렇지 않았던 것이다.

갈릴레오는 다른 행성도 궁금했다.
이번에는 신들의 아버지 유피테르Jupiter
(그리스 신화의 제우스)의 이름이 붙은 목성에 눈을 맞췄다.

목성을 중심으로 회전하는 작은 천체,
즉 목성의 위성을 발견한 것이다.
그것도 네 개나!
(2023년 7월 기준 현재
목성의 위성은 95개나 있다.)

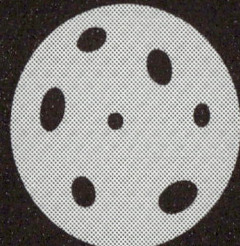

갈릴레오는 자신이 발견한
위성에 '메디치의 별'이라는
아부성 이름을 붙였다.
메디치는 당시 이탈리아에서
가장 막강했던 가문의 이름이다.

나중에 이오, 유로파, 가니메데,
칼리스토라는 이름으로 바뀌었고,
지금은 이 네 개의 위성을
갈릴레이 위성Galilean moons
이라고 부른다.

천동설은 모든 천체가 지구를
중심으로 회전한다고 주장한다.
그런데 지구가 아닌 목성을
중심으로 회전하는 천체라니?

이것만으로 갈릴레오가 지동설을 받아들이게 된 것은 아니었다. 결정적 증거는 금성에서 나왔다. 달의 위상은 지구, 달, 태양의 상대적 위치에 따라 초승달, 보름달, 그믐달 등으로 변한다.

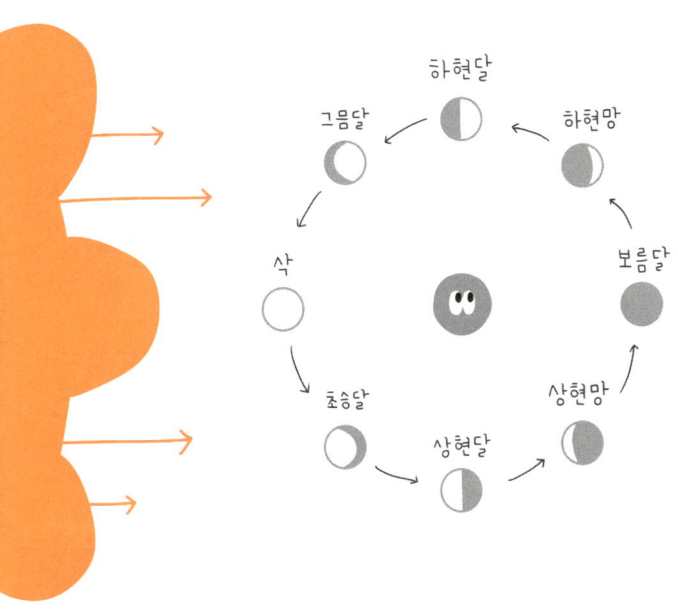

그런데 달에서만 볼 수 있던 위상 변화가 금성에도 나타났다. 제아무리 주전원을 동원해도 지구 중심 모형으로는 금성의 위성 변화를 설명할 수 없었다.

갈릴레오는 코페르니쿠스의 정당성을 입증했다.
그리고 (놀랍게도) 교회 당국에 찾아가 그것을 알렸다.
종교재판소의 반응은 이랬다.
'바보스럽고, 터무니없고, 이단적이며 성격에 모순됨'

갈릴레오가 처음부터 용서를 구하고 잘못을 빌었던 것은 아니다.
그는 자신이 망원경으로 관찰했던 것보다
훨씬 구체적이고 현실적인 것을 보았기 때문에 지동설을 철회했다.
바로 교회의 고문 장치였다.

한편, 갈릴레오가 망원경으로 하늘을 올려다보기 전부터
망원경의 도움 없이 매의 눈으로 하늘을 관찰하며
누구보다 정밀하게 천체를 관측했던 덴마크인이 있었다.
튀코 브라헤라는 괴짜 천문학자가 그 주인공이다.

튀코 브라헤

브라헤는 한 학자와 수학 문제를 두고
검으로 싸우다 코끝이 떨어져 나갔다.
그래서 금속으로 만든 가짜 코를
자랑스럽게 붙이고 다녔다.

그는 왕의 지원을 받아 건설한 천문대에 제프라는 이름의 난쟁이를
고용했다. 제프는 천문대에서 사교 행사가 열리면 숨어 있다가
갑자기 뛰쳐나와 손님들을 놀라게 했다.

브라헤가 기르던 사슴의 죽음도 기이했다.
계단에서 굴러떨어져 죽었는데, 이때
사슴은 맥주를 마시고 취한 상태였다고 한다.

다소 별나긴 했지만, 브라헤는 천문학에 진심인 훌륭한 천문학자였다.
그는 관측의 중요성을 깨달았고, 방대하고 정밀한 관측 기록을 남겼다.

또한 자신의 관측 결과를 바탕으로
지동설과 천동설을 절충해서 혼합 모형을 만들기도 했다.
지구 주위는 태양과 달이 공전하고,
태양 주위는 수성과 금성이 공전하는 독특한 형태였다.

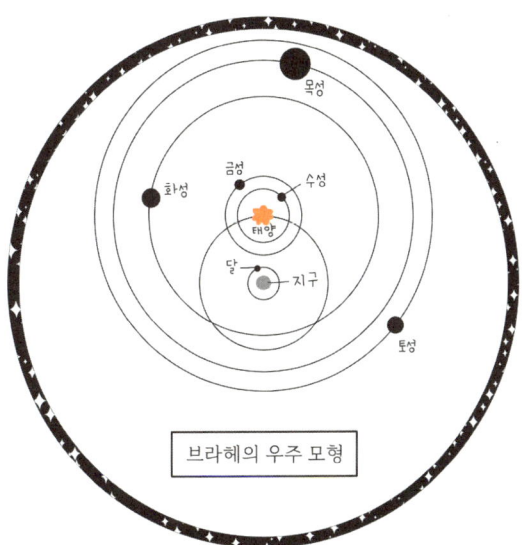

그는 그 밖에도 여러 업적을 남겼지만, 우리에게 가장 잘 알려진 사실은 위대한 천문학자 요하네스 케플러를 조수로 두었다는 것이다.

케플러는 뛰어난 수학적 재능을 갖고 있었다.
하지만 케플러가 천문학에서 중요한 업적을 남길 수 있었던 결정적 이유는 브라헤의 훌륭한 관측 자료가 있었기 때문이다.

당시 브라헤의 관측 자료가 케플러의 손으로 매끄럽게 넘어간 것은 아니었다. 그들은 부드러운 관계가 아니었고, 브라헤는 케플러가 관측 자료에 접근하는 것을 철저하게 막았다.

가끔 조금씩 던져 주긴 했다.

브라헤의 관측 자료는 그가 죽은 뒤에야 겨우 케플러의 손에 넘어갔다. 그래서 브라헤의 죽음을 살인으로 의심하는 사람들도 있다.

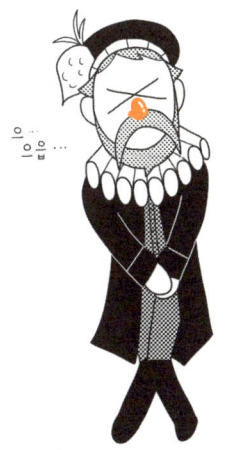

브라헤의 공식 사인은 어느 만찬에서 소변을 참다가 방광이 파열되어 사망에 이른 것이다.

케플러는 최고 수준의 자료를 차지했지만,
적절한 해석을 내놓기까지 긴 시간이 걸렸다.
쉬워 보였던 계산은 8년간 계속되었고 70차례나 반복되었다.

그 전통이란 천상의 질서는 기하학적으로
완벽한 원으로 이루어져 있다는 관념이다.
그동안 누구도 행성의 궤도가 원이라는 생각을 의심하지 못했다.

케플러는 원 궤도라는 신성한 전통을 버리고,
타원 궤도라는 이단적 변화를 받아들였다.
행성의 궤도가 타원이라고 가정하자
태양 중심 모형의 관측과 계산이 모두 일치했다.

그는 이를 바탕으로 케플러의 법칙으로 알려진 세 가지 원리를 끌어냈다.

됐어!

행성 운동에 관한 케플러의 법칙 첫 번째는 이것이다.
**모든 행성의 궤도는 타원이다.
태양은 두 초점 중 하나에 위치한다.**

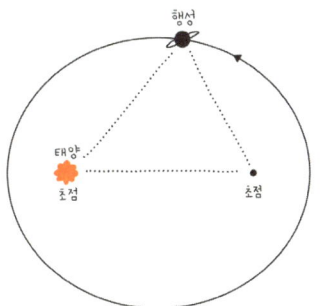

첫 번째 법칙은 타원 궤도의 법칙이라고도 부른다.

그런데 타원이란 무엇일까?

타원은 각 점에서 두 초점까지 거리의 합이 일정합니다.

그에 비해 원은 모든 점이 중심에서 같은 거리를 가지죠. 원은 두 초점이 같은 곳에 있는 타원의 특수한 형태라고 할 수 있습니다.

두 번째는 이것이다.
행성과 태양을 연결하는 선분은 같은 시간 동안 같은 면적을 쓸고 지나간다.

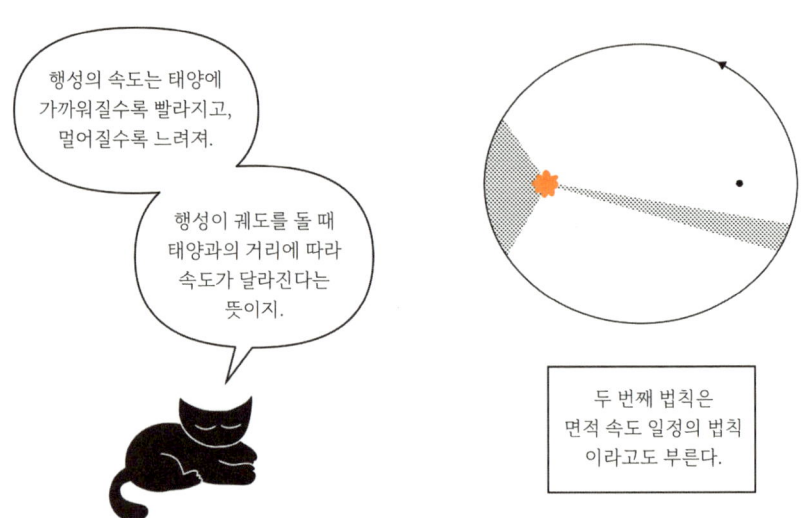

마지막 세 번째는 법칙은 이것이다.
행성의 공전 주기 제곱은 궤도의 긴 반지름 세제곱에 비례한다.

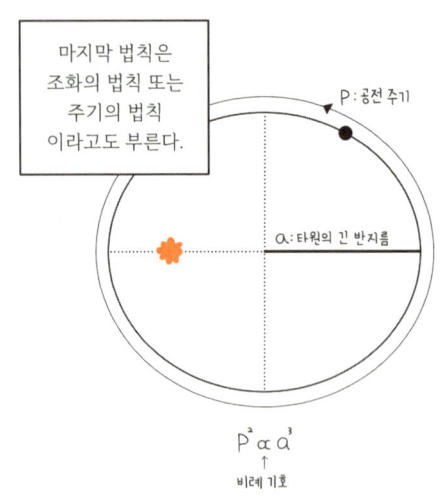

케플러는 행성과 태양 사이의 거리를 측정할 때
지구와 태양 사이의 평균 거리를 기준으로 삼았다.
천문학에서는 이것을 천문단위Astronomical unit
라고 하며 AU라고 표기한다.

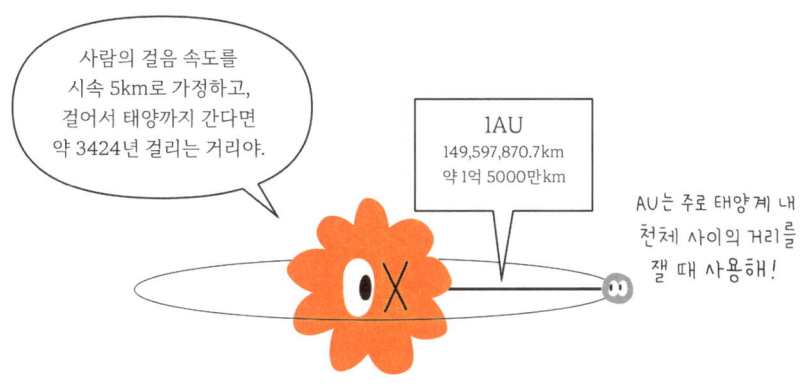

태양 중심설은 인간의 세계관에 어마어마한 영향을 끼쳤다.
괴테도 이런 말을 남기지 않았던가.

우주가 자신의 신비를 허락할수록 지구는 중심에서 점점 더 멀어지게 되었고,
더 이상 우리는 우주의 주인공일 수 없게 되었다.
지구는 특별하지 않다. 인간도 그렇다.
과학자들은 이를 가리켜 **코페르니쿠스 원리**Copernican principle라고 부른다.

인류의 역사를 통틀어 지동설만큼
중요하고 충격적인 아이디어는 없다.
우주의 중심이 태양임을 밝혔기 때문이 아니라,
우주의 중심이 지구가 아님을 밝혔기 때문이다.

우리는 물리적으로 같은 세계를 살고 있지만,
심리적으로 다른 세계를 경험한다.
서로 알고 있는 것과 믿고 있는 것이 다르기 때문이다.

한 사람의 세계관은 그 사람의 사고방식과 삶의 태도를 결정한다.
그렇다면, 어쩌면 내가 생각하는 우주의 모습은 나 자신의 모습일지도 모르겠다.

3장
고전 역학

'뉴턴이 있으라!' 그러자 모든 것이 밝아졌다

16~17세기는 과학혁명의 시대였다.
흔히 코페르니쿠스로부터 출발한 과학혁명은
뉴턴이 완성했다고 말한다.

뉴턴이라는 별을 소개할 때 행성처럼 돌고 있는 말이 있다.
영국의 시인 알렉산더 포프가 남긴 시구이다.

뉴턴은 1642년 크리스마스에 태어났다.
미숙아로 태어난 뉴턴은 냄비에 들어갈 만큼 작고 가냘팠다.

아버지는 뉴턴이 태어나기 전 사망했고, 재혼한 어머니는 자식 교육에 무심했다.

외삼촌의 도움으로 케임브리지대학 트리니티 칼리지에 입학했으나 집에서 학비를 대주지 않아, 부유층 학생의 시종 노릇을 하며 학비를 벌었다.

아무튼 나의 어린 시절은 몹시 불행했지.

ISAAC NEWTON

아이작 뉴턴

과학사에서 기적의 해라고 부르는
두 개의 마법 같은 년도가 있다.
그중 하나가 1666년이다.

당시 뉴턴은 흑사병을 피해 고향 마을로 내려갔고,
그곳에서 눈부신 발견을 세 가지나 했다.
미적분을 발명했고, 빛의 기본 성질을 알아냈으며,
만유인력 법칙의 토대를 쌓았다.
(20대 학생이 대학을 쉬는 동안 말이다!)

빛에 대한 이해는 현대 천문학의 중요한 밑바탕이다.
뉴턴 시대에 살았던 사람들은 빛이 순수한 하얀색이며,
색은 빛에 어둠이 섞여 만들어지는 것이라고 생각했다.

당시에도 빛이 프리즘을 통과하면 무지갯빛이 나온다는 사실은 알려져 있었다.

하지만 이는 프리즘이 빛에 색을 입히는 것이라고 생각했다.
뉴턴은 간단한 실험을 통해 빛에 모든 색이 들어있으며,
각 색은 고유한 굴절률을 갖고 있음을 증명했다.

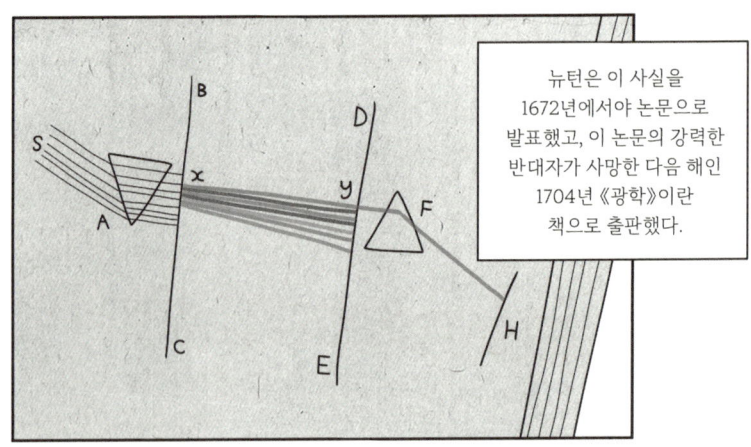

뉴턴은 이 사실을 1672년에서야 논문으로 발표했고, 이 논문의 강력한 반대자가 사망한 다음 해인 1704년 《광학》이란 책으로 출판했다.

만유인력의 법칙이 책으로 나오기까지도 긴 시간이 걸렸다.
물리학의 구약성서라 불리는 뉴턴의 역작 《자연철학의 수학적 원리》는
1687년에 나왔다. 줄여서 《프린키피아》라고 부른다.

늦게나마 《프린키피아》가 세상에 나올 수 있었던 것은
영국의 천문학자 에드먼드 핼리의 부채질 덕분이었다.

에드먼드 핼리

뉴턴은 《프린키피아》 초판의 서문에 핼리를 언급하며 이렇게 썼다.

"언젠가 내가 천체의 궤도를 계산한 결과물을 그에게 보여준 적이 있는데, 그는 당장 왕립학회에 발표하라면서 나를 다그쳤고, 그의 권유와 전폭적인 지원에 힘입어 결국 책을 집필하기로 마음먹게 되었다."*

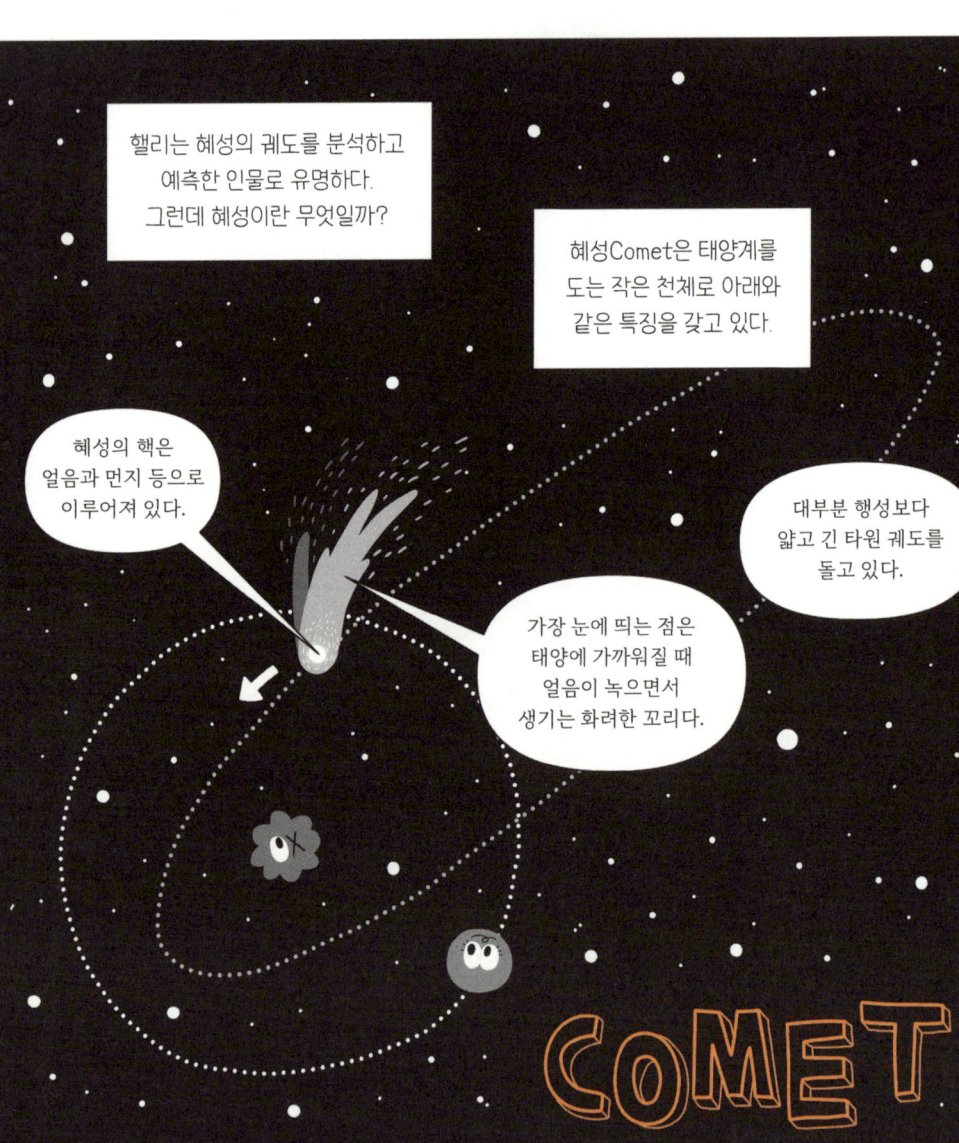

아무튼, 다시 뉴턴으로 돌아가 보자.
《프린키피아》에서는 뉴턴의 운동 법칙으로
알려진 세 가지 물리 법칙이 등장한다.
첫 번째는 **관성의 법칙**이다.

즉, 외부 힘이 작용하지 않으면 정지해 있던 물체는
그대로 정지해 있고, 움직이던 물체는 계속 등속 직선 운동을 한다.

두 번째 운동 법칙은 **가속도의 법칙**이다.
어떤 물체를 힘으로 밀면 이 물체의 가속도는
힘의 크기에 비례한다는 것이다.

가속도의 법칙은 뉴턴 역학의 하이라이트라고도 할 수 있다.
말로 설명하면 너저분한 두 번째 법칙은
이런 식으로 예쁘게 요약되기 때문이다.

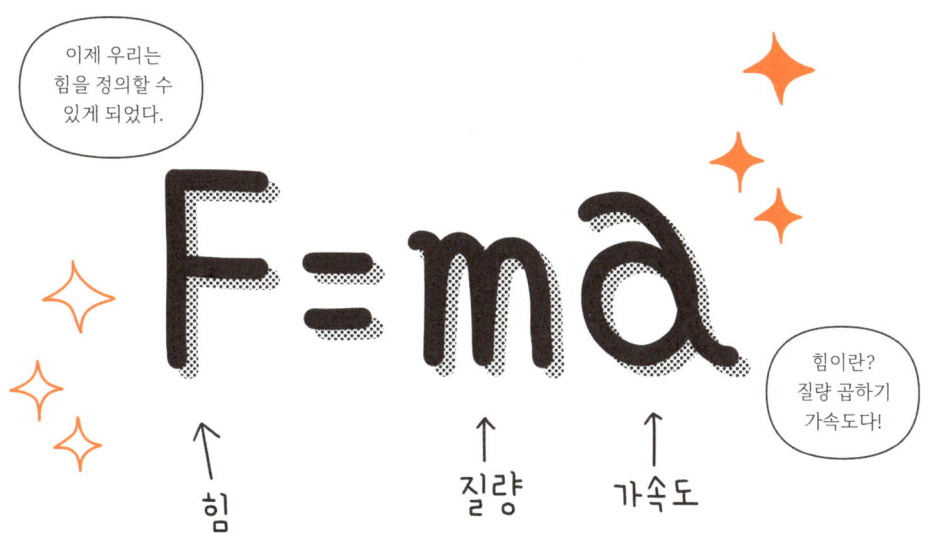

세 번째는 **작용 반작용의 법칙**이다.
어떤 물체가 다른 물체에 힘을 가하면 다른 물체도 그 물체에 힘을 가한다는 것이다.
이때 다른 물체가 가하는 힘은 크기는 같고 방향은 반대다.

작용 반작용의 법칙은 모든 힘에 대해 크기는 같고
방향이 반대인 힘이 존재한다는 뜻이기도 하다.
즉 내가 나무를 밀면 나무도 나를 민다.

뉴턴의 가장 중요한 이론인 만유인력의 법칙은 어떻게 탄생했을까?
뉴턴이 떨어지는 사과를 보고 만유인력의 법칙을
생각해 냈다는 일화를 모르는 사람은 없을 것이다.

어쨌든 전해지는 이야기에 따르면,
그는 사과가 옆이나 위로 떨어지는 게 아니라
왜 항상 수직으로만 떨어지는지 궁금해하다가
중력의 개념을 떠올렸다.

위대한 과학적 발견은 대부분 엉뚱한 호기심에서 출발한 경우가 많다.
뉴턴도 그랬다.

관성의 법칙을 떠올려 보자.
관성의 법칙에 따라 움직이는 물체는 외부 힘이 작용하지 않으면
가던 길을 따라 직선으로 계속 움직여야 한다.

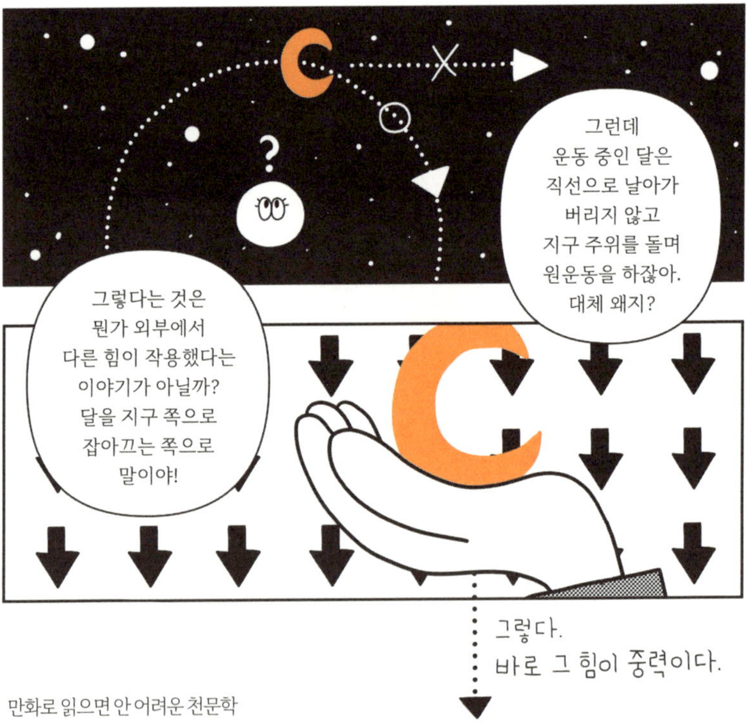

사실은 달은 안 떨어지는 게 아니라
떨어지고 있는 것이다. 무슨 말일까.
마리오가 수평으로 사과를 던진다고 해 보자.

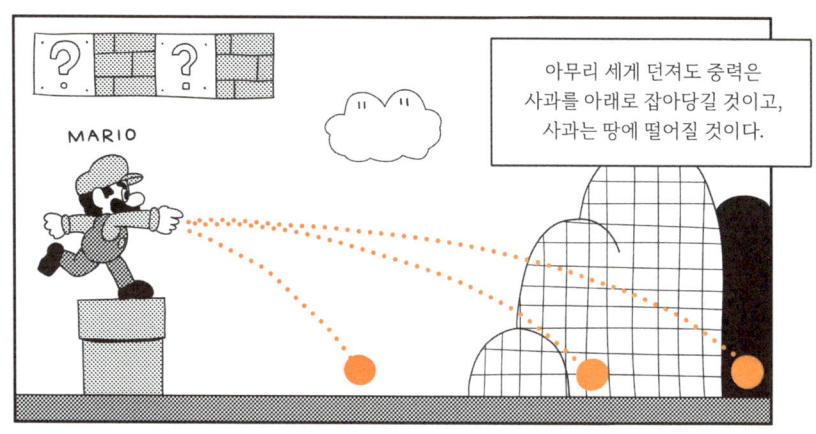

하지만 마리오가 슈퍼 파워를 얻었다고 치자.
점점 더 세게 던지다 보면 어느 지점에서 사과는
지구의 둥그런 궤적에 따라 떨어질 것이고,
결국 지구 주위를 돌게 된다!

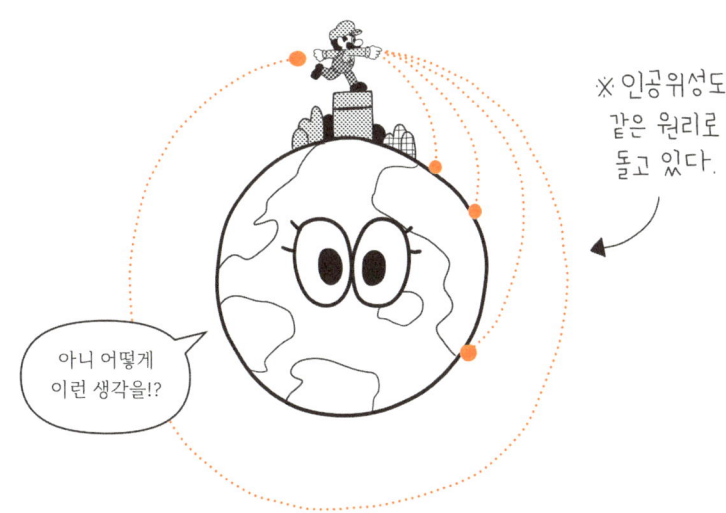

그 말인즉 사과를 땅에 떨어뜨리는 힘과
달이 지구 주위를 돌게 만드는 힘은 같은 힘이라는 이야기다.
이는 사람들의 세계관을 뒤엎는 무시무시한 발견이었다.

뉴턴의 중력 이론에 따르면 질량을 가진 모든 물체는 중력을 가진다.
그는 만유인력의 법칙을 수학적으로 계산해서 방정식으로 만들었다.

만유인력의 법칙은 다양한 논쟁을 야기했다.
(과학사를 보면 아무리 대단한 이론이라도
처음부터 모두가 수긍하는 경우는 거의 없다.)

그중 대표적인 것은 **벤틀리의 역설**로 불리는 문제다.

영국의 신학자 리처드 벤틀리는
뉴턴에게 이렇게 물었다.

우주가 유한하다면 별들이 중력 때문에 한 점으로 뭉쳐 붕괴하지 않겠소?

그게 아니라 무한한 우주라면 별들이 모든 방향에서 작용하는 무한한 힘으로 당겨져 붕괴하지 않겠소?

리처드 벤틀리

벤틀리는 만유인력의 법칙을 우주에 적용했을 때 발생하는 역설을 최초로 지적했다.
뉴턴은 무한하면서 별들이 고르게 퍼져있는 우주를 가정했고,
벤틀리의 역설을 다음과 같이 해결했다.

그렇다면 우리 우주의 균형은 미세한 요동에도
도미노처럼 무너져 붕괴할 수 있지 않을까?
뉴턴도 그 점을 잘 알고 있었고, 그래서 이렇게 덧붙였다.

뉴턴의 무한하고 균일한 우주는 시간이 지난 후 또 다른 역설을 데려왔다.
독일의 천문학자 하인리히 올베르스가 제기한 문제로,
천문학에선 이를 **올베르스의 역설**이라고 부른다.
그의 질문은 아주 단순하다.

하인리히 올베르스

하인리히의 '엉뚱한' 궁금증은 이런 것이다.
만약 무한한 우주에 무한한 별이 있다면 지구의 어떤 위치에서 보더라도
하늘은 별빛으로 밝아야 하는 게 아닐까?

엉뚱하게도 올베르스의 역설을 최초로 해결한 사람은
저명한 추리 소설가 에드거 앨런 포였다.
그는 자신의 저서에 이렇게 썼다.

우리가 무언가를 본다는 것은 사물 그 자체를 직접 보는 것이 아니라
물체가 방출하거나 반사한 빛을 보는 것이다.
때문에 우리가 보는 별도 지금의 모습이 아니라
빛이 날아온 시간만큼 걸린 과거 모습을 보는 것이다.

※ 빛의 속도는 299,792.458km/s로, 초속 약 30만km이다.

뉴턴은 스스로에 대해 어떻게 생각했을까?
그는 말년에 이런 글을 남겼다.

"세계가 나를 어떤 존재라고 생각하는지는 모르겠지만,
나에게 나 자신은 바닷가에서 노는 어린아이만 같았다네.

가끔 눈길을 돌려 다른 것들보다 더 매끄러운 조약돌이나
더 예쁜 조개껍질을 발견했지만, 그러는 동안에도 내 앞에는
광대한 진리의 바다가 완전히 미지의 상태로 펼쳐져 있었다네."*

뉴턴에 대해 이야기할 때 종종 나오는 유명한 글이지.

4장
특수 상대성 이론

아인슈타인, 전설의 시작

아일랜드의 유명한 극작가
조지 버나드 쇼는 이렇게 말했다.

아인슈타인은 1879년 3월 14일 독일 제국의 유대인 가정에서 태어났다.
그는 어린 시절 불같은 면이 있었다.
아인슈타인은 여동생 머리에 구멍을 뚫겠다고 괭이로 위협하기도 했는데,
이를 두고 여동생은 이렇게 말했다.

학창 시절의 아인슈타인은 수학과 물리학에 뛰어난 재능을 보였다.
하지만 그리스어 교사로부터는 이런 말을 듣기도 했다.

대학 졸업 후 취업에 어려움을 겪던 아인슈타인은
친구 아버지의 도움으로 스위스 특허청의 공무원이 되었다.
그는 직장 생활을 하면서 틈틈이 뭔가를 끄적거렸고,
그 끄적거림으로 전설이 되었다.

앞 장에서 말했듯 과학의 역사에서 기적의 해라고 부르는 두 년도가 있다.
하나는 뉴턴의 1666년이었고, 나머지 하나가 바로 아인슈타인의 1905년이다.

첫 번째는 광전 효과에 관한 가설이고,
두 번째는 브라운 운동에 관한 해석이다.
그리고 세 번째가 대중에게 가장 널리 알려진 방정식이 등장하는
특수 상대성 이론 Special theory of relativity이다.

아인슈타인의 상대성 이론은 1905년에 발표한 특수 상대성 이론과
1915년에 발표한 일반 상대성 이론이 있다.
특수 상대성 이론은 서로에 대해 움직이고 있는 관찰자들 사이에
나타나는 시간과 공간의 상대성에 관한 이론이다.

※ (주의) 특수 상대성 이론에서 '움직인다'고 할 때는 등속 직선 운동을 뜻한다.

특수 상대성 이론은 두 가지 전제에 기반한다.
첫째, 일정한 속도로 운동하는 모든 관찰자에게
모든 물리 법칙은 동일하다.

별도 행성도 먼지도 없는 텅 빈 우주 공간에 홀로 떠 있다고 상상해 보자.
나는 깊은 어둠 속에 정지해 있다고 느끼고 있다.

이때 멀리서 고양이가 다가오더니, 스쳐 지나간다.

그런데 같은 상황을 묘사하는 고양이는 자신의 입장에서 이렇게 말한다.

과연 누구의 말이 진실일까?
특수 상대성 이론의 첫 번째 가정이 뜻하는 바는
'두 명의 진술이 똑같이 옳다'는 것이다.

'고양이가 시속 10km로 움직인다'고 말할 수 있는
절대적인 기준 같은 것은 없다. 오직 상대적인 대상을 기준으로
'고양이가 시속 10km로 나를 스쳐 지나갔다'고 말할 수 있을 뿐이다.
(그리고 이 말은 '내가 시속 10km로 고양이를 스쳐 지나갔다'는 말과 동등하다.)

물체에 힘이 가해지지 않으면 그 물체는 정지해 있거나 등속 운동을 한다.
자신에게 가해지는 힘이 느껴지지 않는다면,
자신이 정지해 있는지 움직이고 있는지 판단할 방법은 없다.

※ 속도, 크기, 방향이 변하지 않는 운동이 등속 운동이므로, 정지 상태도 등속 운동이라 할 수 있다.

두 번째 가정은 간단하다.
빈 공간에서 빛의 속도는 항상 일정하다.
두 번째 가정은 이해하기 쉽다.
하지만 받아들이기 어렵다. 우리의 직관과 다르기 때문이다.

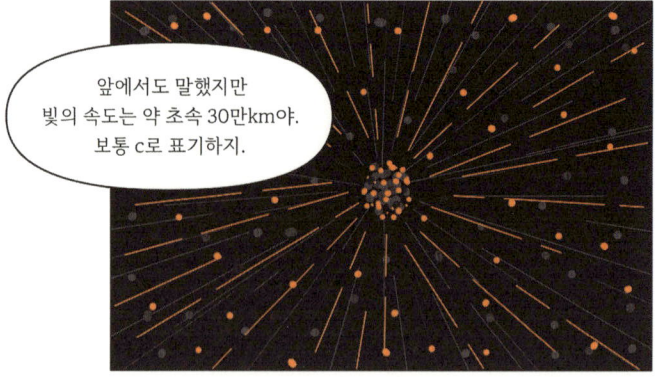

빛의 속도가 일정하다는 것은 무슨 뜻일까. 한번 상상해 보자.
제자리에 서 있는 고양이가 빛을 쏘았다.
옆에 서 있는 내가 볼 때 고양이가 쏜 빛의 속도는 얼마일까?

이번에는 초속 15만km 달리고 있는 플래시가 빛을 쏘았다.
가만히 서 있는 내가 볼 때 플래시가 쏜 빛의 속도는 얼마일까?

이번에는 제자리에 서 있는 고양이가 빛을 쏘았다.
빛이 나아가는 방향으로 초속 15만km로 달리는
플래시가 볼 때 고양이가 쏜 빛의 속도는 얼마일까?

이 이야기를 처음 듣는 사람이라면 뭔가 이상하다고 생각할 것이다.
그것이 자연스러운 반응이다.
당시 물리학자들도 전부 혼란스러워 했다.

아인슈타인은 이 두 가지 공리를 바탕으로 아이디어를 확장했다.

아인슈타인이 내린 결론은 놀라웠다.
뉴턴이 생각했던 보편적이고 절대적인
시간의 개념을 무너뜨린 것이다.

시간이 상대적이라니. 무슨 말일까?
일정한 속도로 운동하는 우주선에 고양이가 타고 있다고 상상해 보자.
우주선에는 그림과 같은 빛 시계가 있다.

한편 밖에서 우주선을 보고 있는 나에게도 같은 빛 시계가 있다.
정지해 있는 내가 볼 땐 등속 운동 중인 고양이의 빛 시계는 아래처럼 보일 것이다.

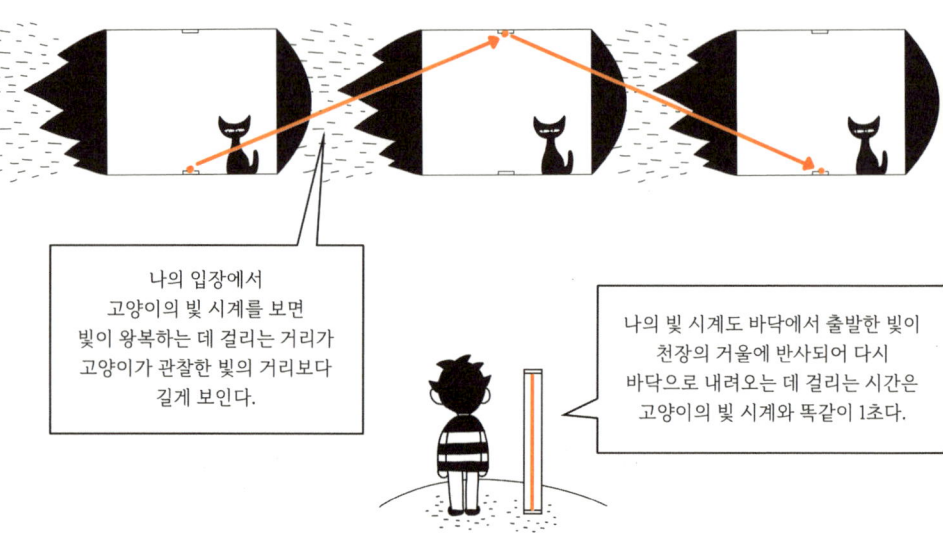

나의 입장에서 고양이의 빛 시계를 보면 빛이 왕복하는 데 걸리는 거리가 고양이가 관찰한 빛의 거리보다 길게 보인다.

나의 빛 시계도 바닥에서 출발한 빛이 천장의 거울에 반사되어 다시 바닥으로 내려오는 데 걸리는 시간은 고양이의 빛 시계와 똑같이 1초다.

여기서 중요한 것은 두 번째 가정인 광속 불변의 원리에 따라
빛의 속도는 고양이가 볼 때나 내가 볼 때나 똑같다는 사실이다.
그렇다면 나의 빛 시계에서 1초가 흘렀을 때,
고양이의 빛 시계를 본다면 아직 1초가 되지 않았을 것이다.

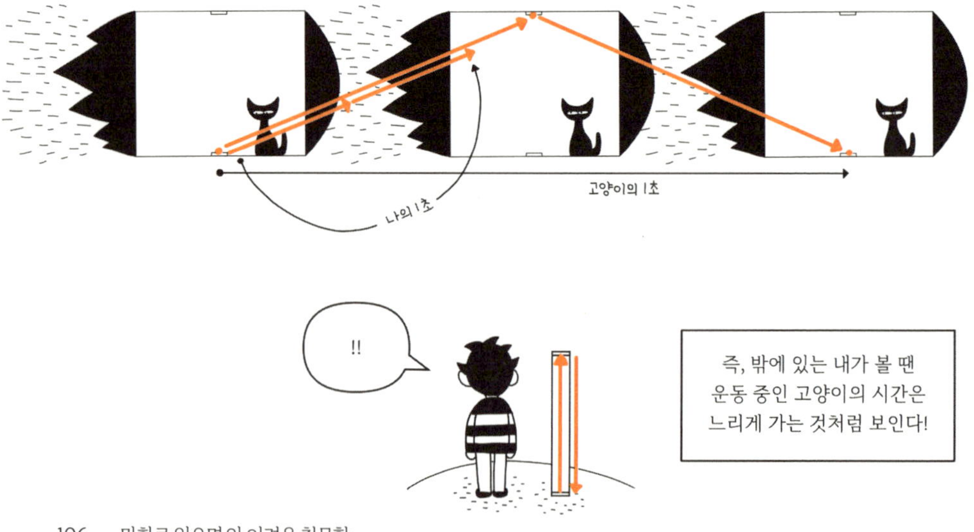

즉, 밖에 있는 내가 볼 땐 운동 중인 고양이의 시간은 느리게 가는 것처럼 보인다!

움직이고 있는 대상의 시간이 천천히 흐르는 현상을 시간 팽창이라 한다.
주의할 점은 움직이고 있는 고양이의 시간이 느리게 간다는 것은
정지해 있는 내가 볼 때 그렇다는 뜻이다.

더욱 재밌는 일은 이 이야기를 고양이의 입장에서 진술할 때 벌어진다.
고양이의 입장에서는 자신이 탄 우주선이 정지해 있고
밖에 있는 내가 움직이고 있다고도 말할 수 있다.

첫 번째 가정에 의해
고양이의 주장도
똑같이 옳다.

이번에는 고양이가 정지해 있고, 움직이는 것은 내가 되는 것이다.
그렇다면 내가 고양이의 시계를 봤을 때와 마찬가지로,
고양이가 지닌 빛 시계가 1초가 되었을 때,
고양이가 나의 빛 시계를 본다면 아직 1초가 되지 않았을 것이다.

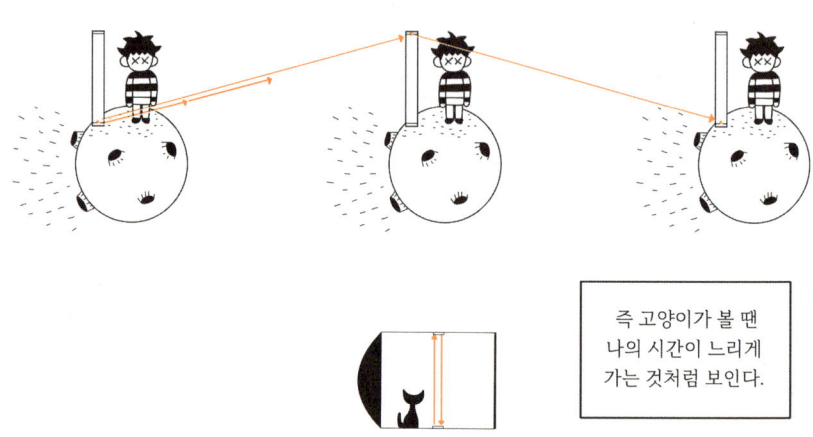

즉 고양이가 볼 땐 나의 시간이 느리게 가는 것처럼 보인다.

즉 서로가 상대의 시간이 더 느리게 간다고 느낀다는 것이다!
누구의 말이 옳은가? 둘 다 옳다!
광속 불변의 법칙은 우리가 일반적으로 알고 있는 시간의 개념을 헝클어뜨린다.
시간이 얼마나 이상한지는 **동시성의 상대성**이라고 부르는 개념을 통해서도 드러난다.

"두 관찰자가 서로에 대하여
등속 운동을 하고 있는 경우,
한 관찰자의 눈에 동시에 일어난 사건은
다른 관찰자가 볼 때 결코
동시에 일어나지 않는다."

예를 들어보자.
A 전등과 B 전등 사이 가운데 지점에 있는 내가 멈춰서
전등을 관찰하고 있다고 해 보자.
나는 A 전등과 B 전등의 불빛이 동시에 켜지는 것을 목격했다.

그렇지만 우주선을 타고 빛 쪽으로 움직이는 고양이에게 이 사건은 어떻게 보일까?
우주선은 B 전등을 향해 움직이고 있으므로,
고양이에게는 B 전등의 불빛이 먼저 켜진 것처럼 보인다.

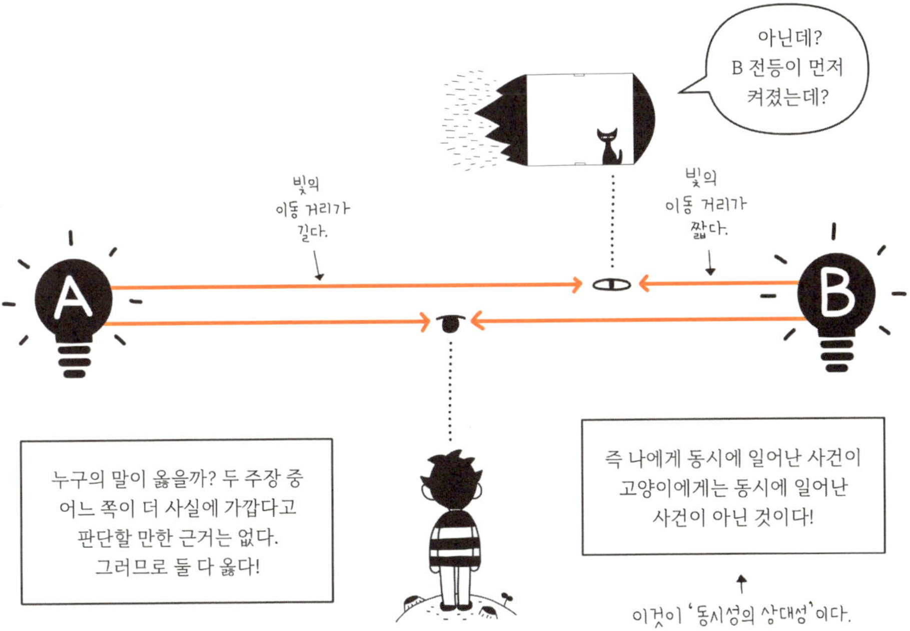

지금까지 이야기만으로도 머리가 핑핑 돌 것이다.
그런데 여기서 끝이 아니다.
운동은 시간에 영향을 줄 뿐 아니라, 공간까지 휘저어 놓는다.

그전까지 사람들은 시간과 공간은 서로 무관하다고 생각했다.
하지만 특수 상대성 이론에서 시간은 공간과 분리되어 있지 않으며,
결합하여 얽혀있음을 보여준다.

시간과 공간을 합친 시공간이란 개념을
처음으로 생각한 건 아인슈타인이 아니었다.
그러나 그는 나중에 이 관점을 받아들였다.

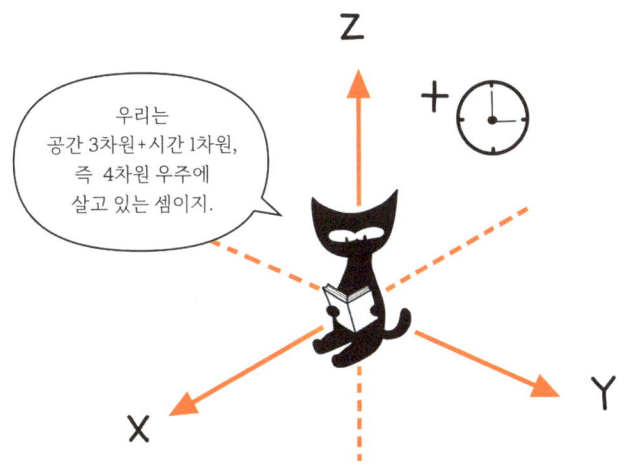

이렇게 해서 만들어진 특수 상대성 이론은
지구에서 가장 유명한 방정식 $E=mc^2$을 낳았다.
E는 에너지, m은 질량, c는 빛의 속도를 뜻한다.
이 방정식은 무엇을 말하는 걸까?

아인슈타인은 빛의 속도를 통해 에너지와 질량을 연결했다.
c의 제곱이 무시무시하게 큰 값인 것을 생각하면,
작은 질량에도 어마어마한 에너지가 압축되어 있다는 것을 알 수 있다.

특수 상대성 이론에 따르면 움직이는 물체의 속도가 빠를수록
시간은 느리게 가고, 느려진 시간만큼 길이도 짧아진다.
만약 어떤 물체의 속도가 광속과 같아지면
시간은 느리게 가는 정도가 아니라 아예 멈추고, 길이는 0이 된다.

정리해 보자.
특수 상대성 이론의 핵심은 서로에 대하여 움직이고 있는 관찰자들에게
시간과 공간이 상대적이라는 것이다. 정말 괴상한 이야기다.
특수 상대성 이론은 인간의 직관을 무참하게 배신한다.

특수 상대성 이론의 효과는 빛의 속도와 가까울수록 뚜렷이 나타난다.
하지만 일상에서 경험하는 속도는 광속에 비해 너무 너무 너무 느리기에
그 효과가 아주 아주 아주 미세하게 나타난다.

아인슈타인의 특수 상대성 이론은
우리가 살고 있는 우주를 기묘하게 만들었다.
하지만 더욱 신묘한 이론은 그 다음에 나온다.

일반 상대성 이론이야말로 현대 우주론의 심장이라 할 수 있다.
다음 장에선 아인슈타인의 최고 업적인
일반 상대성 이론에 대해 알아 볼 것이다.

5장
일반 상대성 이론

세상에서 가장 아름다운 과학 이론

특수 상대성 이론은 지금까지 우리가 절대적이라 믿고 있던 시공간에 대한
관념을 탈탈탈탈 흔들어 놓았고 모두를 어리둥절하게 만들었다.

상대방에 대해 등속 운동을 하는 관찰자들 사이에서 시간과 공간이 어떻게 변하는지 말함으로써 말이지.

미국 프린스턴대학의 어느 천체물리학과 교수는
특수 상대성 이론의 의미를 설명하며 이렇게 썼다.

"뉴턴의 물리법칙에서는 있을 수 없는 일이다. 뉴턴의 물리법칙에서 모든 사람의 시간은 같고, 모든 사람이 '현재'에 동의하고 미래로의 시간여행은 불가능하다."

"하지만 아인슈타인은 관측자들이 '현재' 일어나는 일에 대해서 언제나 동의하지는 않는다는 것을 보였다. 시간은 유연하고 움직이는 시계는 느리게 간다."*

J. 리처드 고트

특수 상대성 이론은 등속 운동에 따라 우주를 설명하는 이론이다.
즉 일정한 속도로 운동하는 '특수'한 경우에 적용되기에
'특수'란 단어가 붙은 것이다.

일반 상대성 이론의 신묘한 세계로 들어가려면,
먼저 뉴턴의 만유인력의 법칙을 소환해야 한다.
일반 상대성 이론은 뉴턴의 중력 이론과 특수 상대성 이론의
모순을 해결하기 위해 만들어진 마법이기 때문이다.

17세기 말에서 20세기 초까지만 해도
만유인력의 법칙으로 물체의 운동을 완벽하게 설명할 수 있었고,
무수한 실험을 통해 (거의) 확실하게 검증된 (거의) 완전한 이론이었다.

특수 상대성 이론에 따르면 빛보다 빠른 물체나 신호는 존재할 수 없다.
하지만 뉴턴의 이론에서 질량을 가진 물체는
그 즉시, 즉각적으로 중력을 전달한다.

아인슈타인은 자신의 특수 상대성 이론에 확신을 갖고 있었다.
그래서 특수 상대성 이론까지 포괄할 수 있는 새로운 중력 이론을 손수 만들기로 결심했다.
그리하여 탄생한 것이 아인슈타인의 가장 위대한 혁명으로 일컬어지는 일반 상대성 이론이다.

뉴턴이 생각했던 중력이란 질량을 가진 물체가 끌어당기는 힘이었다.
그러나 아인슈타인은 일반 상대성 이론을 통해
완전히 새로운 방식으로 중력을 설명한다.

이를 이해하기 위해 아인슈타인의 논리를 조심스럽게 추적해 보자.
1907년의 어느 날, 중력 문제를 고민하던 아인슈타인의 머릿속에
경이로운 아이디어가 천둥처럼 번쩍였다.

아인슈타인이 떠올린 생각은 소위
등가원리Equivalence principles라고 부르는 것으로,
한 마디로 '중력과 가속 운동으로 생기는 힘은 완전하게 동일하다'는 것이다.

아인슈타인 이후 가장 유명한 물리학자인 스티븐 호킹은
등가원리에 대해 이렇게 표현했다.

자, 이게 무슨 말인지 알아보자.
먼저 당신의 머릿속에 텅 빈 우주 공간에 떠 있는 엘리베이터를 상상해야 한다.
엘리베이터 안에는 정신을 잃고 쓰러진 아인슈타인이 있다.

갑자기 엘리베이터가 지구의 중력과 동일한 세기의 힘이
느껴질 정도로 가속 운동을 하기 시작한다.
얼마 뒤에 깨어난 아인슈타인은 엘리베이터가 가속하는
방향의 반대쪽으로 작용하는 어떤 힘, 즉 무게를 느낄 것이다.

이때 아인슈타인은 엘리베이터의 가속 운동에 의한 효과와
지구의 중력에 의한 효과를 구분할 수 있을까?

신중한 검토 끝에 아인슈타인이 내린 결론은 구분할 수 없다는 것이다.
뉴턴이 사과를 지구로 떨어뜨리는 힘과 달이 궤도를 돌게 만드는 힘이
같은 현상이라는 것을 알아냈던 것처럼, 아인슈타인은 중력과 가속 운동이
같은 현상이라는 것이라는 사실을 알아냈다.

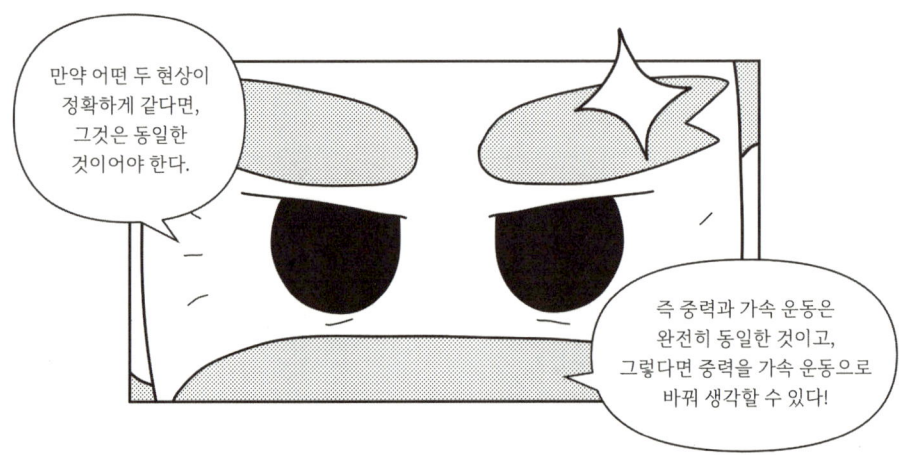

훗날 아인슈타인은 이 아이디어를
'인생에서 가장 행복한 생각'이라고 회고했다.
그는 이 생각을 딛고 올라 아득히 높은 지점에 도달했다.

가속 운동과 중력은 같다.
가속 운동이 공간을 휘게 한다는 말은 중력이 공간을 휘게 만든다는 뜻이다.
즉 중력이란 시공간의 휘어짐 그 자체다.

이것을 대강이나마 직관적으로 이해하려면
평평한 매트리스 위에 놓인 무거운 볼링공 이미지를 상상하면 된다.
볼링공이 놓인 자리가 움푹 들어간 것처럼,
질량을 가진 물체는 시공간을 왜곡시킨다.

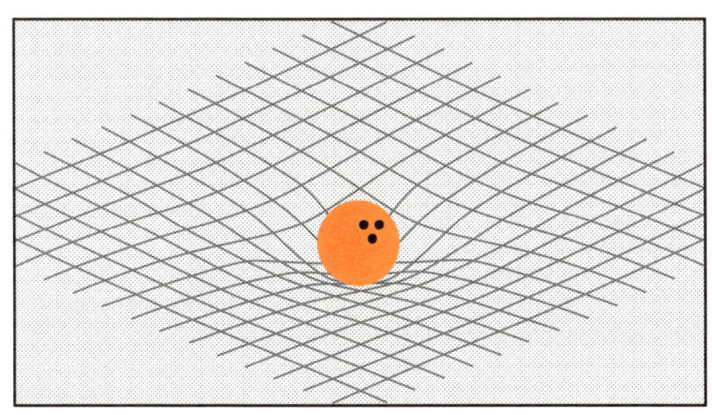

이 매트리스에 놓인 볼링공을 향해
(힘과 방향을 적절히 조절해서) 작은 쇠구슬을 굴리면 어떻게 될까?
쇠구슬은 볼링공으로 인해 움푹 패인 곡률을 따라
볼링공 주변을 돌게 될 것이다.

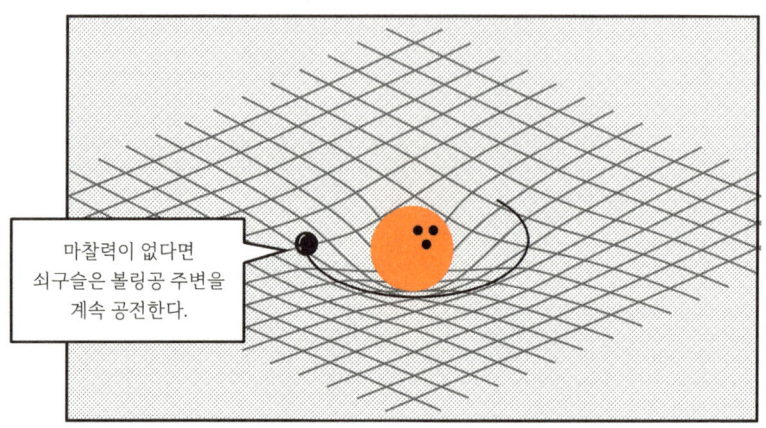

마찰력이 없다면 쇠구슬은 볼링공 주변을 계속 공전한다.

이제 매트리스를 우주 공간으로,
볼링공을 태양으로, 쇠구슬을 지구로 바꿔 보자.
그리고 다음 질문을 생각해 보자.
지구가 태양 주변을 공전하는 이유는 무엇일까?

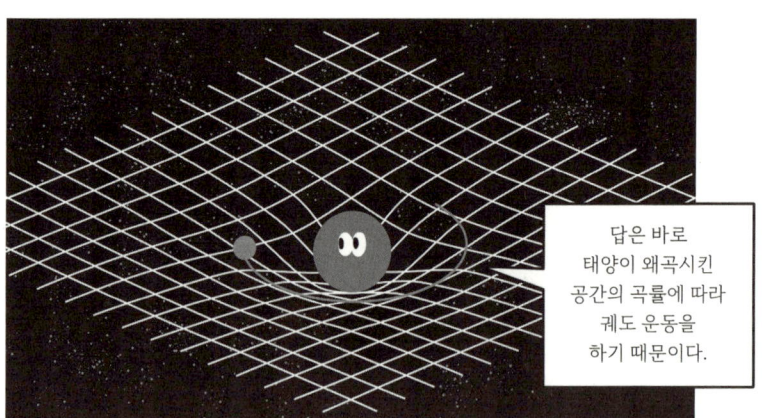

답은 바로 태양이 왜곡시킨 공간의 곡률에 따라 궤도 운동을 하기 때문이다.

뉴턴에게 중력이란 질량을 가진 물체가 잡아당기는 힘이었다.
그러나 아인슈타인 버전의 중력에는 힘이라는 개념이 필요 없다.
아인슈타인에게 중력이란 질량에 의해 공간이 휘어지면서 나타난 결과다.

이러한 중력에 대한 설명으로 가장 유명한 것은
미국의 물리학자 존 휠러의 표현일 것이다.

▲ '블랙홀'이란 명칭을 만든 사람이기도 하다.

볼링공으로 인해 매트리스의 표면이 움푹 들어가거나,
볼링공을 들어 올려 매트리스의 움푹 파인 자국이
사라지는 데는 아주 짧은 아주 약간의 시간이 소요된다.

양탄자의 끝을 흔들면 파동이 표면을 타고
특정 속도로 전달되는 것처럼,
중력도 어떤 파동을 만들어 전달된다.

공간이 휘어진다는 개념은 어설프게나마 상상이 가능하다.
그러나 시간이 휘어진다는 것은 어떻게 이해해야 할까?

그 말인즉 산꼭대기에 집을 짓고 사는 사람은
지표면에서 생활하는 사람보다 중력의 영향을 약하게 받으므로,
상대적으로 더 빨리 늙는다는 이야기다.
(물론 이 차이는 아주아주 미세하다.)

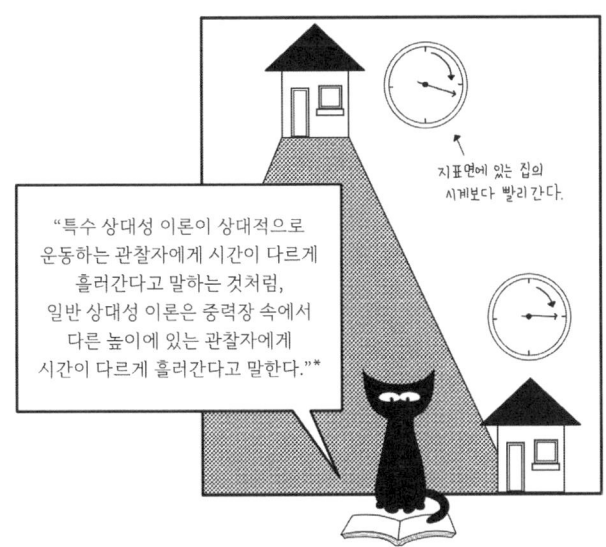

아인슈타인은 이 모든 논리를 수학적으로 종합하여 일반 상대성 이론을 완성했다.

현대 미술 작품처럼 감상하고 쿨하게 지나가자.

$$R_{\mu\nu} - \frac{1}{2}Rg_{\mu\nu} = \frac{8\pi G}{c^4}T_{\mu\nu}$$

Einstein field equations

이는 과학자가 보기에 간단하고 아름다운 (내가 보기에는 복잡하고 무시무시한) 한 줄의 방정식으로 요약될 수 있는데, 이를 **아인슈타인 방정식** 또는 **아인슈타인 장 방정식**이라고 부른다.

아인슈타인은 자신의 우아한 방정식으로 당시 지난 50년 동안
천문학자들을 괴롭히던 수수께끼를 산뜻하게 해결했다.
'수성의 근일점 이동' 문제가 바로 그것이다.

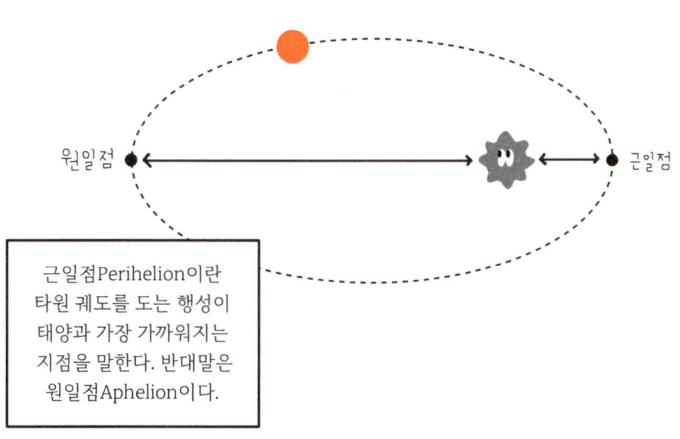

근일점Perihelion이란 타원 궤도를 도는 행성이 태양과 가장 가까워지는 지점을 말한다. 반대말은 원일점Aphelion이다.

수성의 근일점이 고정되어 있지 않고 이동한다는 사실은
수성의 궤도가 고정되어 있지 않고,
궤도 자체가 약간씩 회전하고 있다는 뜻이다.

당시 천문학자들은 뉴턴 역학으로 이를 설명하려 했지만 실패했다.

그런데 아인슈타인이 자신의 방정식을 휘둘러서 수성의 타원 궤도를 계산했고,
해묵은 수성의 근일점 이동을 완벽하게 설명할 수 있게 되었다.

비록 일반 상대성 이론으로 천문학의 낡은 숙제를 해결하긴 했지만,
대중을 설득하려면 보다 확실한 검증이 필요했다.
일반 상대성 이론은 질량 주변의 시공간은 휘어 있고,
근처에 있는 물체는 휘어진 시공간의 경로를 따라 운동한다고 이야기한다.
심지어 빛조차도 질량 주변을 지나갈 때 휘어진 경로를 따라 나아간다.

그렇다면 어떻게?
별빛은 직진한다. 하지만 커다란 질량 주변에선
아래 그림처럼 휘어져서 관측자의 눈에 들어올 것이다.

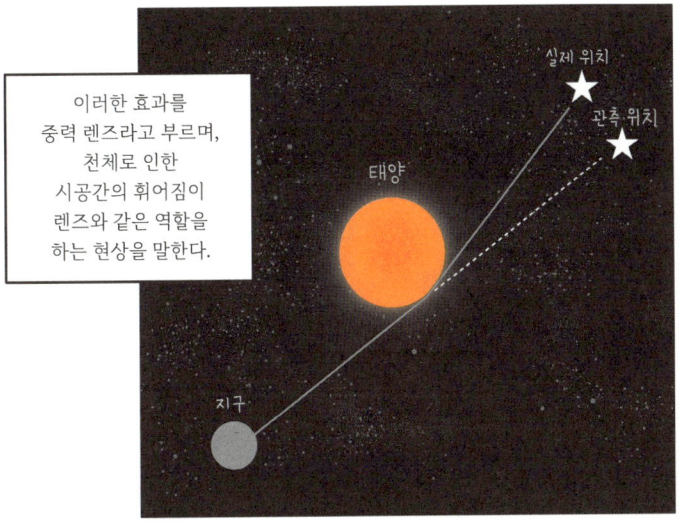

이러한 효과를 중력 렌즈라고 부르며, 천체로 인한 시공간의 휘어짐이 렌즈와 같은 역할을 하는 현상을 말한다.

아인슈타인은 태양 주위를 지나가는 빛의 휘어지는 정도를 계산했다.
이제 실제로 관측해서 이론과 맞춰보기만 하면 되는 것이다.
그런데 한 가지 문제가 있었다.

태양은 그 자체로 너무 밝아 주변의 별빛이 보이지 않는 게 문제였지.

하지만 달이 태양을 가리는 일식 때라면 어떨까?
일식 때 별들의 위치를 정확히 측정해 두고,
별들이 태양의 반대편으로 가는 6개월 후
다시 조사해서 위치 변화를 측정하는 것이다.

결국 일식 탐사로 과학사에 이름을 남긴 인물은 영국의 저명한 천문학자 아서 에딩턴이었다.
에딩턴은 1919년 5월 29일 스페인-기니 해안의 프린시페섬에서 일식 촬영에 성공했다.

에딩턴의 관측 결과는 1915년 11월 6일 영국 왕립학술원과 왕립천문학회의 연합학회에서 발표되었다. 아인슈타인의 예측값은 (오차범위 안에서) 정확히 들어맞았고, 이로써 아인슈타인은 지구에서 가장 유명한 과학자가 되었다.

"극적인 광경이었다. 전통적인 의식이 거행되는 무대 뒤에는 뉴턴의 초상이 걸려 있어서, 위대한 과학이 200년이 지난 뒤에 최초로 수정된다는 것을 일깨워 주었다."*

"이것은 뉴턴 시대 이후 중력 이론과 연관된 결과 중에서 가장 중요한 것입니다."

《런던 타임스》 11월 7일
"과학의 혁명 - 새로운 우주론이 뉴턴의 물리학을 전복시키다."

"이것은 인류의 정신에서 가장 위대한 성과 중 하나일 것입니다."**

《뉴욕 타임스》 11월 11일
"하늘에서 빛이 비껴 나가다. 일식 관측 결과에 과학계가 열광하다."

에딩턴의 관측 결과와 일반 상대성 이론은 그 후 몇 년동안
의심 많은 과학자 사이에서 논란이 되기도 했다.
하지만 발달한 관측 기술로 실행한 수많은 검증 과정을 당당히 통과하면서,
오늘날 일반 상대성 이론은 확고한 이론으로 단단히 자리 잡았다.

지금 우리가 사용하고 있는 핸드폰 지도 앱은
상대성 이론이 적용된 결과라고 할 수 있다.
GPS 위성은 특수 상대성 이론의 시간 팽창 효과와
일반 상대성 이론의 시간 수축 효과를 동시에 보정하고 있다.

1962년에 노벨물리학상을 받은 물리학자 레프 란다우는
상대성 이론을 '가장 아름다운 과학 이론'으로 칭했다.
또한 이탈리아의 저명한 물리학자 카를로 로벨리는 자신의 저서
《모든 순간의 물리학》에서 상대성 이론을 소개하는 장의 제목을
'세상에서 가장 아름다운 이론'으로 붙이기도 했다.

일반 상대성 이론은 인류의 지성사를 통틀어
가장 중요한 지식 중 하나로 꼽힐 만큼 혁명적인 이론이고,
특히 천문학에서 더욱 가치 있는 이론이다.

이제 우리는 일반 상대성 이론이라는 수학적 도구 덕분에
우주의 근원과 진화 과정을 이론적으로 규명할 수 있게 되었다.
그리고 이것이 앞으로 이야기할 내용의 핵심이기도 하다.

마지막으로 사족을 덧붙이면, 그렇다고 뉴턴의 이론이 완전히 무너진 것은 아니다.
지금도 우리는 태양계 천체의 운동이나 지구에서 발사한 위성,
탐사선 등의 운동을 예측할 때 뉴턴의 법칙을 이용한다.

6장
팽창하는 우주

20세기 천문학의 마법 같은 순간

뉴턴과 아인슈타인이 정교한 수학으로
우주의 원리를 집요하게 추적하는 동안,
인류의 우주관은 몇 차례 변화를 겪었다.

18세기까지만 해도 사람들은 태양계의 행성이
수성, 금성, 지구, 화성, 목성, 토성까지
전부 여섯인 줄로만 알았다.

그런데 웬 뮤지션이 느닷없이 일곱 번째 행성, 즉 천왕성을 찾아냈다.
프레데릭 윌리엄 허셜이라는 아마추어 천문학자였다.

▲ 다수의 곡을 작곡한 독일 출신의 영국 음악가.

허셜은 자신이 발견한 행성에 당시 영국의 왕이었던
조지 3세의 이름을 따 '조지의 별'이라고 명명했다.
영국과 앙숙이었던 프랑스는 이 명칭이 심히 거슬렸고,
여러 천문학자의 논의를 거쳐 결국 천왕성(우라누스Uranus)으로 정해졌다.

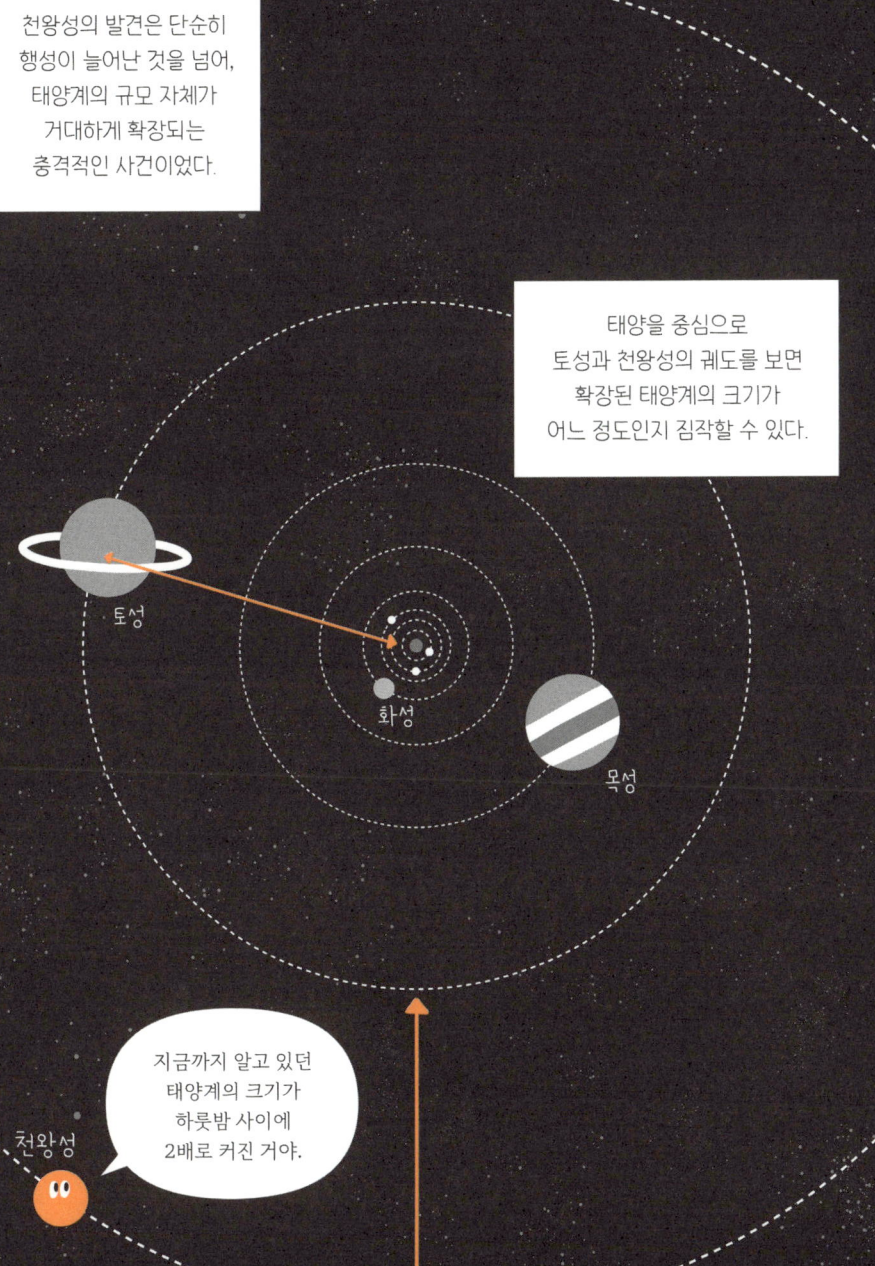

태양계의 여덟 번째 행성인 해왕성은 1843년 영국의 캠브리지대학의 존 애덤스와 1845년 프랑스의 천문학자 위르뱅 르베리에가 각각 독립적으로 그 존재를 예측했다. 흥미로운 점은 해왕성은 망원경으로 직접 관측되기 전 수학적 계산을 통해 펜 끝으로 발견한 행성이라는 것이다.

천문학자들은 뉴턴 역학으로 설명할 수 없는 천왕성의 이상한 움직임을 감지했다.

그들은 감히 뉴턴의 이론이 틀릴 리 없다고 생각했기에, 이 오류는 아직 발견되지 않은 행성의 중력이 천왕성의 궤도에 영향을 미친 것이라 추론했다.

르베리에는 독일의 천문학자 요한 고트프리트 갈레에게 여덟 번째 행성을 망원경으로 관측해 달라고 요청했고, 갈레는 1846년에 방정식이 예측한 위치의 약 1도 이내에서 해왕성을 발견했다.
(※ 애덤스의 주장은 여러 이유로 영국에서 크게 주목받지 못했다.)

"해왕성의 발견은 수학과 물리학 사이의 밀접한 관계를 증명한 첫 번째 사건이었다. 이것은 과학 역사상 수학적 계산 결과가 새로운 물체의 발견으로 귀결된 최초의 사건으로서, 뉴턴 법칙의 능력에 대한 주목할 만한 실증이었다."*

※ 명왕성은 2006년 국제천문연맹(IAU)이 새롭게 정한 행성의 정의에 부합하지 않아 태양계 행성 지위를 상실했다.

앞서 이야기한 허셜은 천왕성 발견 외에도 최초로 적외선을 발견하는 등, 굵직굵직한 성과를 잔뜩 남겼다. 그중 주목할 만한 성과 중 하나는 우리 은하의 지도를 그렸다는 것이다.

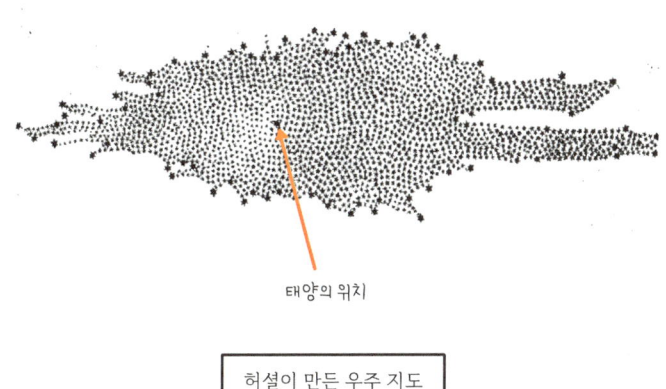

태양의 위치

허셜이 만든 우주 지도

허셜은 우리 은하가 납작한 렌즈 모양이며, 태양계는 우리 은하의 중심 근처에 있다고 생각했다.

그 후 1922년, 네덜란드 천문학자 야코뷔스 캅테인은
허셜과 비슷한 우주 모형을 만들었다.
캅테인에 의하면 우리 은하의 지름은 약 4만 광년이고,
태양계는 중심에서 2천 광년 떨어져 있다.

또한 미국의 천문학자 할로 섀플리는
구상성단까지의 거리를 측정하는
새로운 방식으로 우리 은하의 지도를 만들기도 했다.

이를 통해 섀플리가 내린 결론은 또 한 번 인류의 우주관을 바꾸어 놓았다.
태양이 우리 은하의 중심이 아니라 변방에 있다는 것을 보여준 것이다.

현재 우리가 알고 있는 우리 은하의 지름은
약 10만 광년으로 편평한 원반 모양을 하고 있다.
태양계는 은하 중심에서 가장자리까지의 중간 정도에 있다.

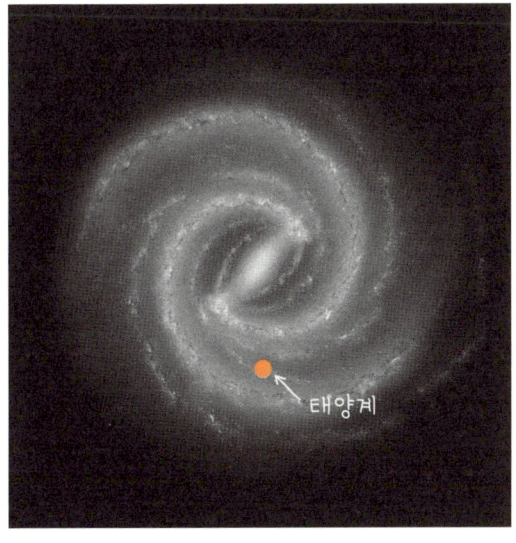

아인슈타인이 일반 상대성 이론을 발표했을 때에도
대부분 사람들은 우리 은하 밖에 다른 은하가 있다는 것을 몰랐다.

하지만 그렇지 않다고 생각하는 소수의 지식인도 있었다.
서양철학사의 뉴턴이라고 부를 만큼 비범한 독일 철학자 칸트는
이미 18세기에 우리 은하 밖에 다른 은하가 있다고 주장하기도 했다.

천문학자들은 이를 두고 오랫동안 티격태격했는데,
이러한 논쟁으로 가장 유명한 것이 1920년 섀플리와
미국의 천문학자 히버 커티스 사이에서 벌어진 **대논쟁**이다.
우주에는 우리 은하만 있는가? 아니면 다른 은하도 있는가?

▲ 할로 섀플리 VS ▲ 히버 커티스

이것은 논쟁으로 결판낼 수 있는 문제가 아니었고,
당시 사람들은 영원히 알 수 없는 문제라고 생각했다.
하지만 몇 년 지나지 않아 이 논쟁을 종결시킨 재미있는 미국인이 등장했다.
20세기 천문학의 아이콘 에드윈 허블이 그 주인공이다.

그는 배우 같은 외모에 허풍쟁이였다고 한다.

제1차 세계대전에 참전했다가 돌아온 허블은,
당시 세계 최대의 반사망원경이 설치되어 있던
윌슨산 천문대에 들어갔다.

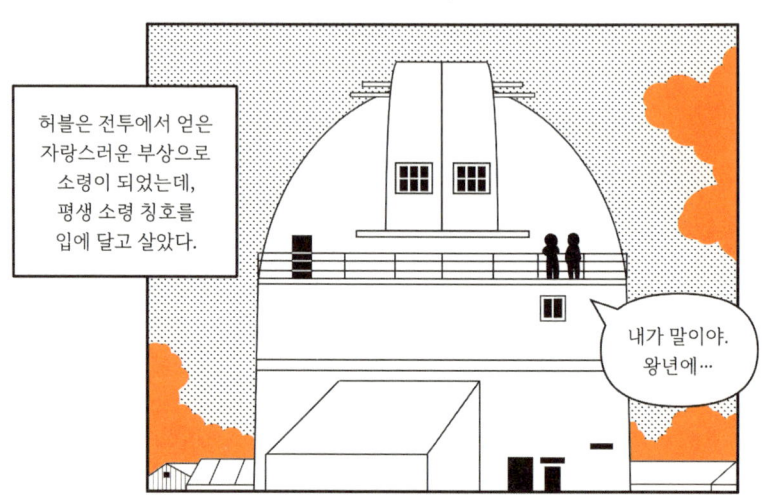

허블에게는 본인만큼이나 개성 있는 독특한 조수가 있었다.
밀턴 휴메이슨이라는 젊은이로
본래 천문대의 장비를 옮기는 노새 몰이꾼이었다.

휴메이슨이 천문대의 정식 직원으로 채용된 일화도 흥미롭다.
칼 세이건의 스테디셀러 《코스모스》에
소개된 일화를 한 줄로 요약하면 이러하다.

허블과 휴메이슨은 처음부터 쿵짝이 잘 맞는 콤비였다.
이 독특한 조합은 놀라운 시너지를 발휘했고,
천문학사에 커다란 발자국을 남겼다.

허블은 **세페이드 변광성**Cepheid variable
이라는 별의 광도를 측정함으로써, 안드로메다 은하가
우리 은하의 크기보다 상상도 못 할 만큼
아주아주 먼 거리에 있다는 것을 알아냈다.

안드로메다 은하는 적당히 큰 은하 중에 우리 은하와 가장 가까이 있는 이웃 은하입니다. 당시에는 안드로메다 '은하'가 아니라 안드로메다 '성운'이라 불렀죠.

그리고 성운이란 별과 별 사이 높은 밀도로 뭉쳐 있는 가스와 먼지 등으로 이루어진 물질로, 옛날에는 별보다 부옇게 보이는 천체를 전부 성운으로 취급했으나, 그중 많은 것들이 은하로 밝혀졌습니다.

그런데 세페이드 변광성이란 무엇일까?
변광성變光星은 밝기가 변하는 별이란 뜻으로,
세페이드 변광성은 밝기가 변하는 별의 한 유형이다.

"내부 구조가 불안정하여 수축과 팽창을 되풀이해 표면 온도와 반지름이 변하면서 밝기가 달라지는 별이다. 팽창과 수축 과정에서 표면 온도가 가장 높을 때 가장 밝아지고 온도가 가장 낮을 때 가장 어두워진다."*

세페이드 변광성은 밝기와 변광 주기가 일정한 관계에 있다.
이는 1908년 미국의 천문학자 헨리에타 레빗이 처음 알아냈다.

오늘날 세페이드 변광성의 주기-광도 관계는 레빗의 법칙이라고도 부른다.
레빗의 법칙을 통해 별의 고유 밝기를 알 수 있는데,
이를 겉보기 밝기와 비교하면 별까지의 거리까지 잴 수 있다.

허블은 안드로메다 은하가 거의 우리 은하만큼이나 크고
우리 은하의 훨씬 바깥에 있다는 것을 보여주었다.
허블의 연구는 1924년에 알려졌고, 이로써 대논쟁의 승부가 났다.
섀플리는 틀렸고, 커티스가 옳았다.

허블은 자신이 발견한 결과를 섀플리에게 편지로 알렸다.

허블의 발견으로 우리 은하는 우주의 전부가 아니라
수많은 은하 중 하나가 되었고,
우주는 또 한 번 무지막지하게 넓어졌다.

이후 허블은 단짝 휴메이슨과 함께 다른 은하들을 관측했다.
당시 천문학자들은 성운이 빠른 속도로
우리 은하로부터 멀어지고 있다는 사실을 알고 있었다.
(당시 천문학자들이 성운이라고 생각했던 것은 대부분 은하였다.)

※ 성운으로 여겨지던 것들이 사실은 대부분 은하임을 밝힌 인물도 허블이다.

그런데 은하의 속도는 어떻게 측정하는 걸까?
도플러 효과 Doppler effect를 이용하면 어렵지 않게 알 수 있다.
(도플러 이동이라고도 한다.)

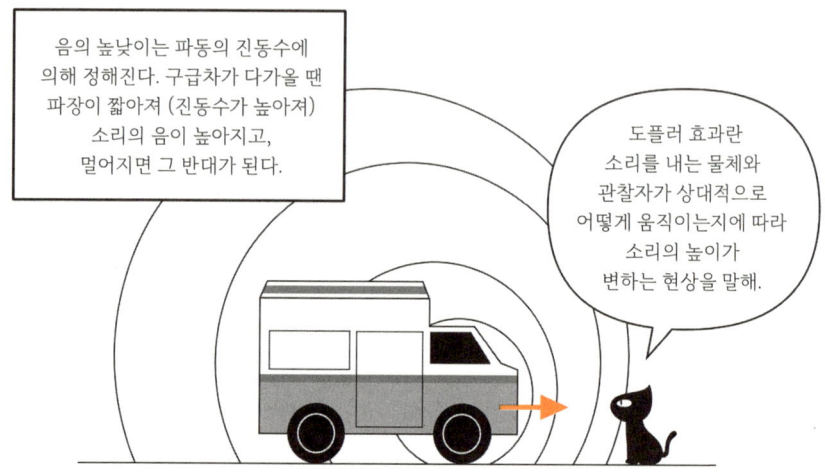

흥미롭게도 도플러 효과는 소리의 파동뿐 아니라 빛을 포함한
모든 형태의 파동에 적용할 수 있다. 우리 눈은 빛의 파장에 따라 색을 인식하는데,
파장이 길면 빨갛게 보고 파장이 짧으면 파랗게 본다.
따라서 빛을 내는 물체가 멀어지면 파장이 긴 쪽(붉은색 쪽)으로 이동하는데,
이를 적색편이Redshift 혹은 적색이동이라고 한다. (반대말은 청색편이 혹은 청색이동.)

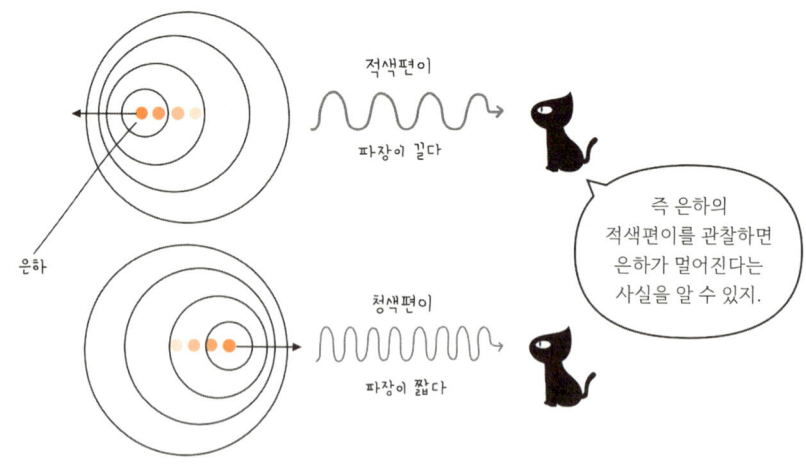

1910년대에 미국의 천문학자 베스토 슬라이퍼는
안드로메다 은하를 연구하며 안드로메다 은하가 우리에게
빠른 속도로 접근하고 있다는 사실을 알아냈다.
속도가 좀 빠르긴 했지만, 그게 그렇게 이상한 일은 아니었다.
이상한 일은 슬라이퍼가 다른 은하들을 계속 관찰하면서 발생했다.

어째서 은하들이 우리로부터 달아나고 있는 걸까?
허블은 슬라이퍼의 연구에 자신이 측정한 은하의 거리를 종합하여,
은하의 거리와 속도의 관계를 그래프로 그렸다.

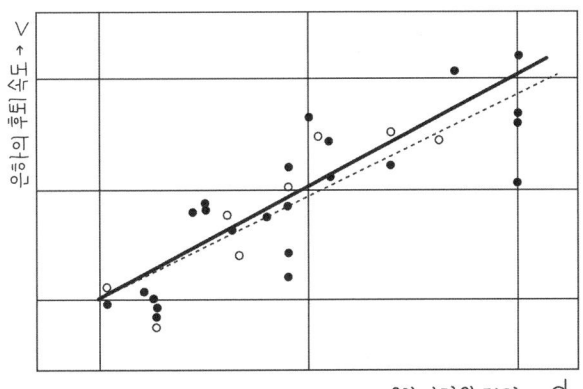

그 결과가 1929년에 허블이 내놓은 논문이었다.
허블은 자신의 관측 결과를 이론적으로 해석하진 않았다.
그러나 그래프가 뜻하는 바는 명확했다.
우리에게 멀리 있는 은하일수록 빠른 속도로 멀어지고 있다.

은하들이 거리에 비례해서 더 빠르게 멀어진다고?
이게 무슨 뜻일까? 천문학자들이 신중하게 내린 결론은 다음과 같았다.
우리 우주는 팽창하고 있다!

흔히 과학자들은 팽창하는 우주의 개념을 설명하기 위해
풍선의 팽창을 예로 든다.
(부풀어 오르는 건포도 빵 버전도 있다.)
풍선의 표면에 많은 수의 점을 찍는다.
풍선은 우주라고 생각하고 점은 은하라고 생각하자.

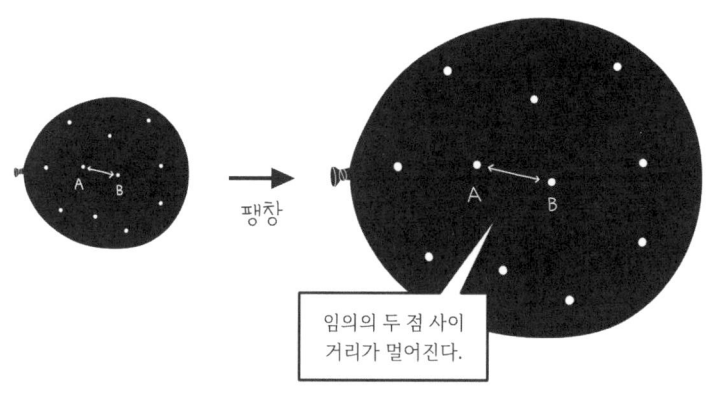

풍선에 찍힌 점 가운데 어떤 점을 기준으로 놓고 보아도
자신을 중심으로 더 멀리 있는 점일수록 더 빠르게 멀어진다.
(2배 멀리 있으면 2배 빠르게 멀어지고,
3배 멀리 있으면 3배 더 빠르게 멀어진다.)

한 가지 알아두어야 할 점은 우주가 팽창하고 있다고 해서
은하 자체가 팽창하고 있다거나 내 몸이 팽창하고 있는 것은 아니라는 것이다.
우주의 팽창은 1억 광년 이상의 거대한 규모에서 벌어진다.
이보다 작은 영역에서는 중력이 붙잡고 있기 때문에 팽창은 일어나지 않는다.

우리 은하와 가까이 있는 안드로메다 은하는 중력으로 인해 점점 가까워지고 있고, 언젠가 충돌할 것이다.

허블은 이 밖에도 은하의 형태에 따라 분류하는 체계를 만들기도 했다.
이는 오늘날에도 은하 분류 체계의 기본으로 쓰인다.

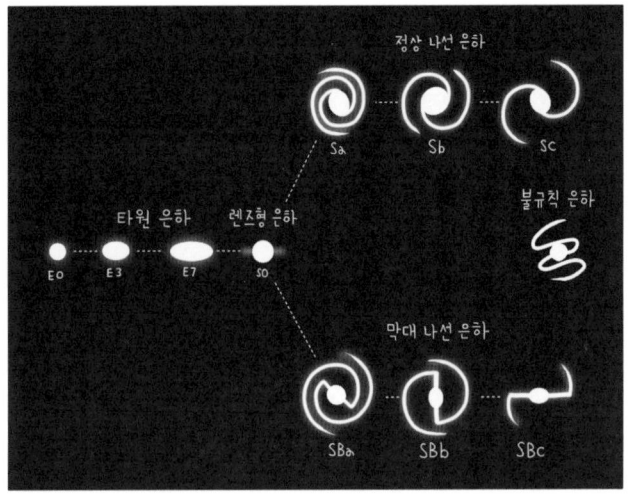

팽창하는 우주의 증거를 최초로 발견한 허블은
살아 있을 때도 슈퍼스타였고, 죽은 뒤에도 전설로 남았다.
천문학자로서는 처음으로 《타임》지의 표지 모델이 되기도 했으며,
NASA가 1990년에 쏘아 올린 우주 망원경의 이름에
허블의 이름이 붙기도 했다.

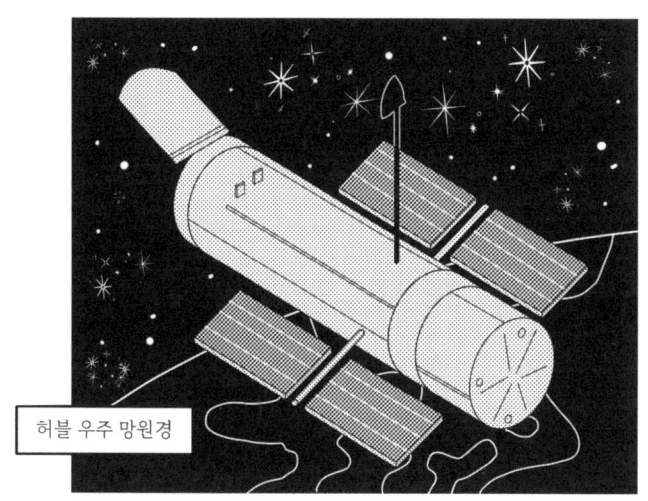

허블 우주 망원경

팽창하는 우주라는 개념은 그 자체로도 흥미롭고 신기하고 중요하지만,
정말 놀라운 것은 다음으로 이어지는 논리다.
우리 우주는 시간이 지날수록 점점 더 팽창할 것이다.
그렇다면 시간을 되감아 본다면 과거의 우주는 어땠을까?

시간을 반대로 돌리면
팽창하는 게 아니라
점점 수축할 테고,
그러다 보면…!?

시간을 계속 되감는다면 언젠가 더 이상 수축할 수 없을 만큼
작은 점으로 모이게 되는 시점이 있을 것이다.
즉 이 우주에 시작이 있다는 것이다!
다음은 천문학의 꽃이자 우주론의 하이라이트인
빅뱅 이론에 대해 알아보자.

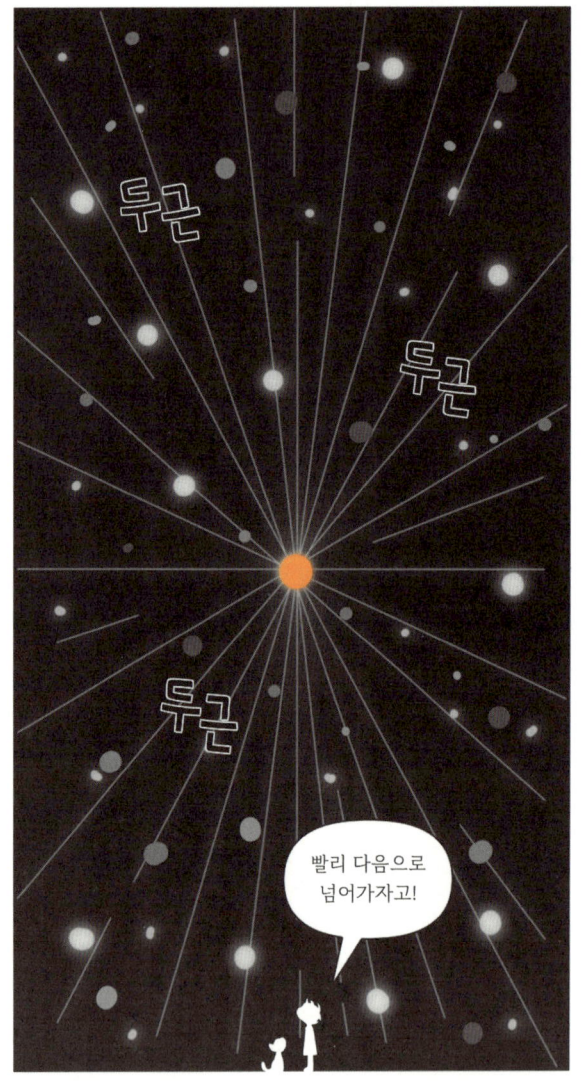

7장
빅뱅 이론 I

태초에 빅뱅이 있었다

허블이 우주 팽창의 증거를 발견하기 전까지
대부분의 과학자에게 역동적인 우주라는 개념은
SF 소설에나 나올 법한 망상이었다.

아인슈타인이 믿었던 우주 역시 시작도 끝도 없이
영원히 변하지 않는 정적인 우주였다.
그랬던 아인슈타인의 믿음에 작은 흔들림이 발생했다.
1917년, 일반 상대성 이론을 우주 전체에 적용해 보던
아인슈타인은 한 가지 사실을 눈치챘다.

아인슈타인은 자신의 방정식에 중력을 밀어내는 가상의 힘을
추가함으로써 이 문제를 우회적으로 해결했다.
이 힘은 중력을 상쇄하는 반중력으로 이른바 **우주상수**라고 불린다.

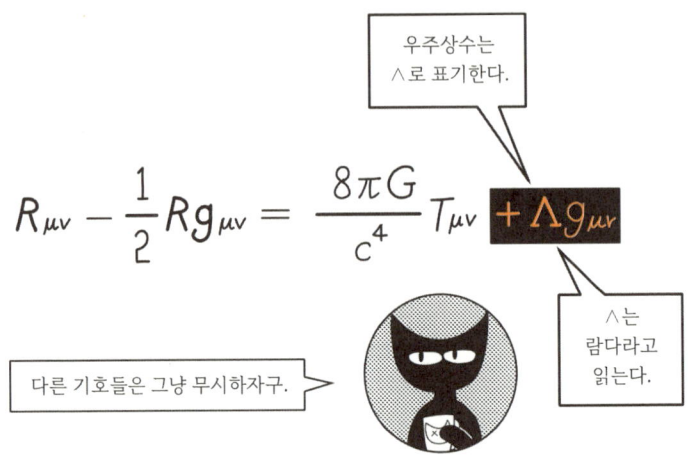

$$R_{\mu\nu} - \frac{1}{2}Rg_{\mu\nu} = \frac{8\pi G}{c^4}T_{\mu\nu} + \Lambda g_{\mu\nu}$$

이로써 아인슈타인은 자신이 믿고 있는 정적인 우주를 수호할 수 있었다.
하지만 이제 일반 상대성 이론은 아인슈타인만
독점해서 사용할 수 있는 도구가 아니었다.

러시아의 기상학자이자 물리학자인 알렉산드르 프리드만은
일반 상대성 이론을 끈질기게 연구한 끝에,
아인슈타인과 다른 결론에 도달했다.

프리드만은 복잡한 우주를 이론적으로 설명하기 위해
두 가지를 가정함으로써 아인슈타인 방정식을 단순화시켰다.
첫째는 큰 규모에서 우주는 어디서나 밀도가 균일하다는 것이고,
(이는 아인슈타인도 사용했던 가정이다.)
둘째는 우주는 어떤 방향으로든 똑같아 보인다는 것이다.

프리드만은 이 두 가정에 기반해서
(우주상수가 없는) 아인슈타인 장 방정식의 해를 구했다.
결과는 놀라웠다. 프리드만이 발견한 해에 따르면
우주는 수축하거나 팽창할 수 있었다!

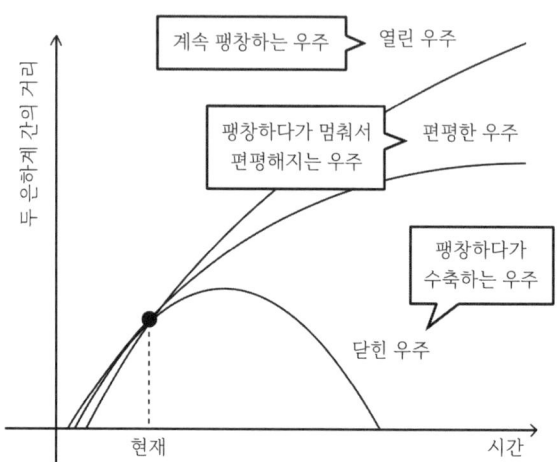

프리드만은 자신의 계산 결과를 독일의 물리학 잡지 《물리학 저널》에 발표했다.
그의 논문을 읽은 아인슈타인은 동적인 우주라는 개념을
도저히 받아들일 수 없었기에 프리드만의 계산이 틀렸다고 주장했다.

불행하게도 프리드만은 젊은 나이에 일찍 사망했다.
그래서 추가 연구를 이어갈 수 없었다.
이후 벨기에의 천문학자 조르주 르메트르가 등장해
프리드만과 독립적으로 아인슈타인 방정식을 연구했다.
그리고 프리드만과 비슷한 결론에 도달했다.

르메트르는 자신의 발견을 5장에서 일반 상대성 이론을 검증하기도 했던
당대 최고의 천문학자 아서 에딩턴에게 보냈다.
하지만 그의 논문은 에딩턴의 서랍 속으로 매장되었다.
이후 1927년, 르메트르는 학회에서 만난 아인슈타인에게 논문을 보여주었다.
아인슈타인은 이렇게 반응했다.

허블의 관측이 있기 전,
이미 이론적으로 은하의 팽창을 예견했던 르메트르는
만약 우주가 팽창하고 있다면 시작도 있을 것이라 추측했다.

▲ 그는 사실상 빅뱅 우주론을 최초로 주장한 인물이다.

르메트르는 이를 **원시 원자**Primeval atom라 불렀다.
그는 탄생 초기의 우주가 초고밀도의 뜨거운 점으로 압축되어 있다가
갑자기 폭발을 일으켜 팽창하기 시작했다고 주장했다.
당시에는 당연히 누구도 이를 진지하게 받아들이지 않았다.

하지만 불과 2년 뒤, 1929년에 허블이 팽창하는 우주의 증거를 발견했다.
그제야 에딩턴은 르메트르의 논문을 서랍 속에서 발굴했고,
르메트르의 우주 팽창 모델을 인정했다.
천하의 아인슈타인도 정적인 우주에 대한 믿음을 버릴 수밖에 없었다.

1931년 아인슈타인은 윌슨산 천문대를 방문하여 허블을 만났고,
팽창하는 우주를 진지하게 받아들였다.
또 1933년의 어느 신문 기사에 따르면 아인슈타인은
르메트르의 강연을 듣고 (예전 일이 미안했는지) 이런 말을 했다고 한다.

아인슈타인은 자신의 방정식에 우주상수를 집어넣은 것을 후회하며,
프리드만의 제자였던 조지 가모프에게 이렇게 말하기도 했다.

※ 이 말을 들은 사람이 가모프인데, 그의 성격을 고려하면
아인슈타인의 말을 부풀렸을 가능성도 있다고 한다.

그런데 조지 가모프는 누구인가?
가모프는 미국의 천문학자로 재치 있는 유머를 구사하는
참신한 인물이었다. (짓궂은 구석도 있었다.)
그는 아주 많은 과학책을 썼고, 재기발랄한 아이디어로
핵물리학, DNA, 양자 역학, 우주론 등 여러 분야에서 활약했다.

그는 1920년대에 프리드만의 강의를 듣고 팽창하는 우주에 흥미를 느꼈다가,
1940년대에 르메트르의 연구를 기반으로
훗날 빅뱅 이론의 출발점으로 불리게 될 전설의 논문을 발표한다.

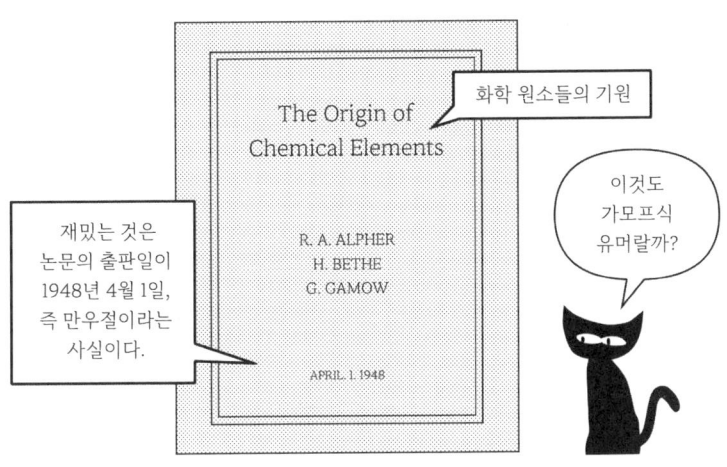

《화학 원소들의 기원》은 그의 제자였던 랠프 앨퍼의 박사 논문이었고,
가모프는 그의 지도 교수였다.
그런데 가모프는 엉뚱하게도 이 논문에 직접 참여하지 않은
한스 베테라는 물리학자를 공동 저자로 끼워 넣었다.

※ 결국 이 논문은 '알파-베타-감마 논문'으로 불리게 되었다.

앨퍼는 당시 저명한 물리학자이자 가모프의 친구였던
한스 베테가 논문의 저자로 들어가는 것이 마뜩잖았다.
자신의 연구 성과가 선배 과학자의 것으로 여겨질 수도 있기 때문이었다.

알파-베타-감마 논문은 《화학 원소들의 기원》이라는 원래의 제목처럼,
초기 매우 뜨거운 우주에서
원소들이 어떻게 만들어졌는지를 설명하는 논문이다.
이 논문은 왜 우주에 가벼운 원소인 수소와 헬륨이 압도적으로 많은지,
왜 지금과 같은 비율로 있는지를 성공적으로 설명했다.

그런데 원소들이 어떻게 만들어졌는가를 설명한 논문이
빅뱅 이론과 무슨 관계가 있을까?
왜 후대의 모든 천문학자들이 알파-베타-감마 논문을
빅뱅 이론의 효시라고 부르는 걸까?

그럼에도 이 논문을 빅뱅 이론을 과학적으로 검증한
최초의 성과라고 여기는 까닭은 무엇일까?
그 이유는 원소의 기원을 설명하기 위해
우주가 뜨거운 한 점에서 시작되었다는 사실을 전제했기 때문이다.

빅뱅이라는 말을 처음 사용 사람은
영국의 저명한 천문학자 프레드 호일이었다.
아이러니하게도 그는 대폭발 이론의 강력한 반대자 중 한 명이었다.

▲ 매우 호전적인 인물로, 어떤 물리학자는 그를 이렇게 표현했다. "훈련받지 않은 불독."

프레드 호일은 대폭발 이론을 비판하며 정상 우주론을 주장했다.
정상 우주론은 팽창하는 우주는 인정하지만,
팽창한 공간에 새로운 물질이 생기면서
원래의 우주 모습이 그대로 유지된다고 보는 우주 모델 이론이다.

호일의 우주는 공간적으로 균일하고, 과거는 지금과 같으며,
시작도 끝도 없이 그냥 영원히 존재하는 것이었다.

그가 빅뱅이라는 명칭의 창시자가 된 것은
1949년 영국 BBC 방송에 출연해서 남겼던 말 때문이었다.
당시 그는 가모프의 이론을 비판하며 이렇게 말했다.

초기의 빅뱅 이론은 몇 가지 문제들을 작은 폭탄처럼 안고 있었다.
그중 한 가지는 우주의 나이 문제였다.

그런데 1940년대에 지질학에서 측정한 지구의 나이가
허블의 관측 결과로부터 계산한 우주의 나이보다 많다는 것이 문제였다.
어떻게 지구의 나이가 우주의 나이보다 많을 수 있겠는가?

빅뱅 이론의 또 다른 문제는 알파-베타-감마 논문이
무거운 원소의 탄생을 잘 설명하지 못한다는 점이었다.
이에 호일은 정상 우주론의 증거를 찾고자,
원소의 탄생 과정을 빅뱅이 아닌 별의 내부에서 찾았다.

그러나 호일의 깔끔한 이론에도 문제가 없던 것은 아니었다.
호일의 이론은 무거운 원소의 탄생은 잘 설명해 냈지만,
가벼운 원소인 헬륨이 어떻게 이렇게 많은지는
제대로 설명할 수 없었던 것이다.

빅뱅 우주론과 정상 우주론의 날카로운 대립은
원소의 기원과 별의 진화 과정을 밝혀냈다.

먼저 물질을 이루는 기본 성분에 관한 용어부터 정리해 두자.
(이는 뒤에 나올 양자 역학을 위해서도 필요한 기초 지식이다.)

20세기 미국의 물리학자 리처드 파인만은 모든 과학 지식이 사라지고
다음 세대에 단 한 문장을 남길 수 있다면 이 문장을 남기겠다고 말했다.

▲ 1965년 노벨물리학상 수상.

고대 그리스의 철학자 데모크리토스는 물질을 분해해서
더 이상 쪼갤 수 없는 최소한을 원자Atom라 불렀다.
(그러나 시간이 흘러 과학이 발달하면서
원자는 더 작게 쪼개지게 되었다.)

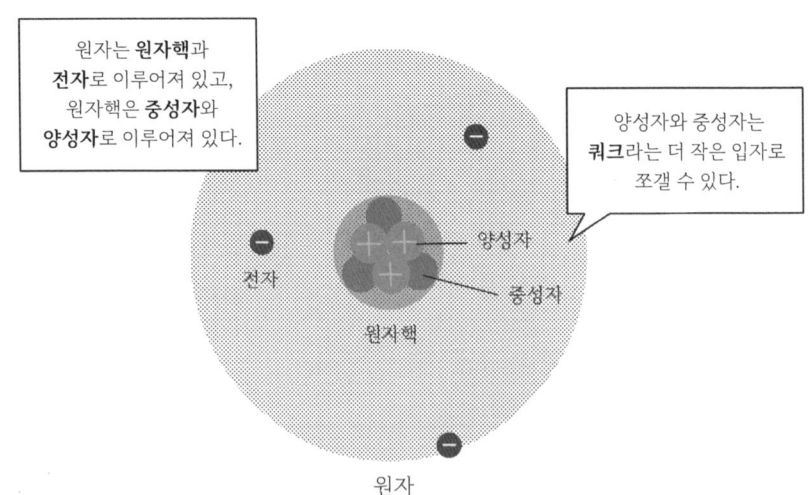

원자핵에 들어있는 양성자의 수는
주기율표에 있는 원자 번호가 된다.
수소 원자는 1개의 양성자를
가지고 있기 때문에
원자 번호가 1번인 것이다.
(헬륨은 2번이다.)

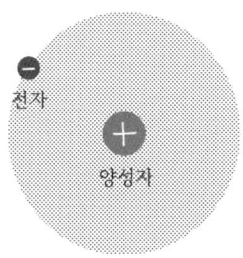

원자 번호 1번
수소 Hydrogen

◀ 원자 번호가 클수록 무겁다.

※ 원자와 원소의 차이는 뭘까?
원자는 개수, 원소는 종류라고
이해하면 된다.

예를 들어
물 분자 H₂O는
수소 원자 2개와
산소 원자 1개로
이루어져 있고,

수소(H)와
산소(O)라는
두 종류의 원소로
이루어져 있다.

물 분자

이러한 원소들은 어디서 왔을까?
빅뱅 직후의 우주는 몹시 뜨겁고
밀도도 대단히 높았다.
이때는 너무 뜨거워서 모든 물질은
원자보다 작은 기본 입자의
형태로만 존재했다.

우주는 계속 팽창했고, 온도가 내려가면서
물질들이 만들어지기 시작했다.
수소의 구조가 가장 단순했기 때문에
수소 원자가 제일 먼저 생겼다.
그리고 헬륨이 생겼다.

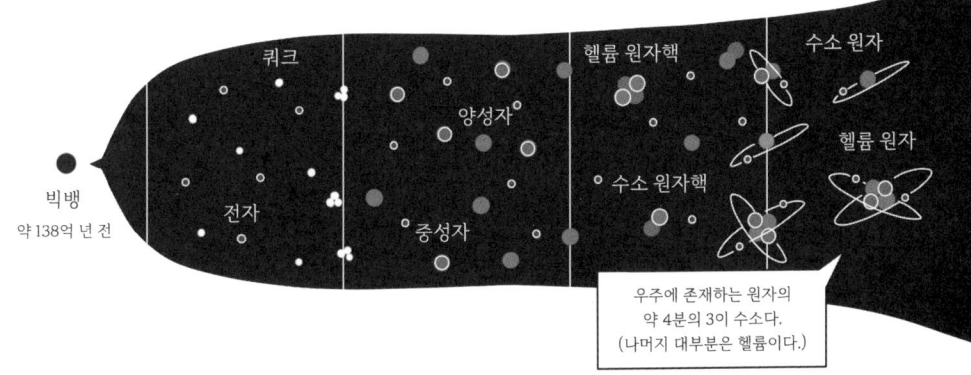

수소나 헬륨보다 무거운 원자는
생성 과정이 훨씬 까다롭고,
시간도 오래 걸리기 때문에 빅뱅 직후에는
단순한 원자들만 만들어질 수 있었다

그렇다면 무거운 원소는 어떻게 만들어졌을까?
우주에 퍼져있는 수소들이 중력으로 뭉치면서
커다란 수소 덩어리가 생겨났다.
수소의 밀도가 높아지면 응축되면서
핵융합 반응을 일으키는데, 그 결과물이 별이다.

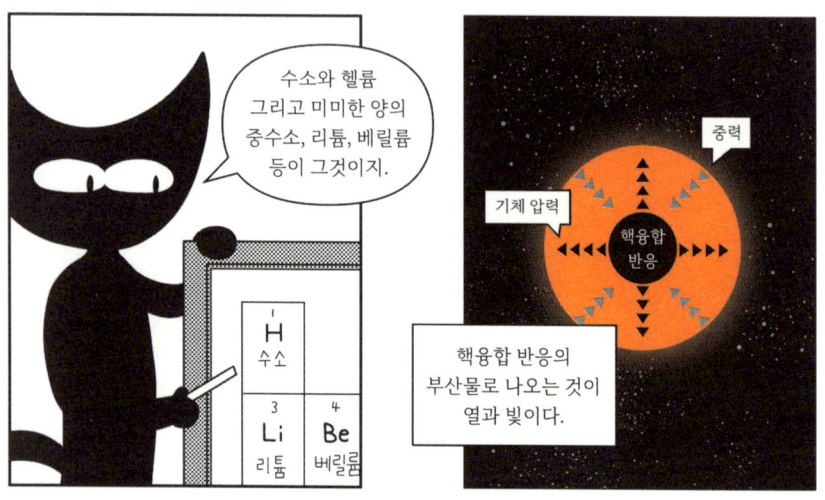

별의 내부는 빅뱅 직후의 환경에 비해 안정되어 있다.
그래서 빅뱅 때와는 달리 수소가 헬륨으로 변한 후에도
(별이 질량이 충분히 크다면) 핵융합 반응을 일으켜
보다 무거운 원소를 계속 만들 수 있다.

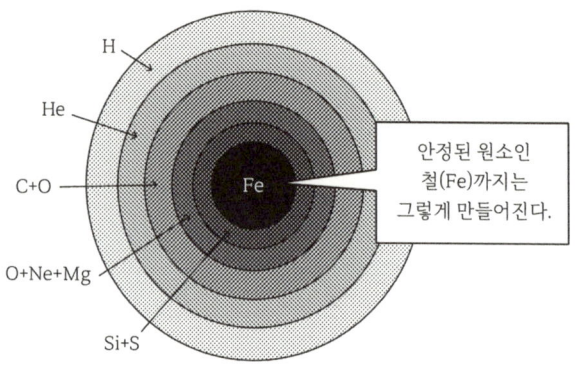

그렇게 만들어진 철이 별의 중심에 쌓이다 보면
핵융합 반응이 중단되고 중력으로 인해 수축하기 시작한다.
그 결과 별의 중심부 온도가 급격히 올라가고
폭발로 이어지는데 이를 **초신성**Supernova이라고 한다.
철보다 무거운 원소들은 이때 만들어져 우주로 뿌려진다.

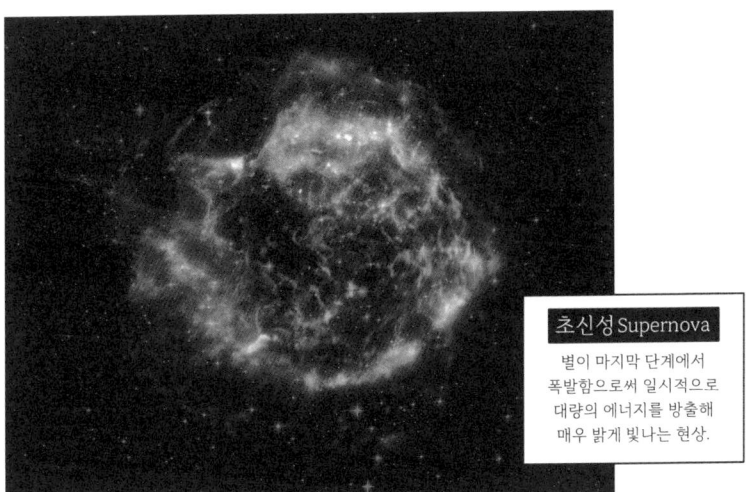

> **초신성 Supernova**
> 별이 마지막 단계에서
> 폭발함으로써 일시적으로
> 대량의 에너지를 방출해
> 매우 밝게 빛나는 현상.

카시오페이아 A 초신성 잔해

초신성으로 우주에 쏟아진 원자들이 세월을 견디다 보면,
일부는 별이나 행성이 되기도 하고, 일부는 당신과 내가 되기도 한다.
그래서 천문학자들은 낭만적으로 이렇게 말하는 것을 좋아한다.

우리는 모두 별의 후예이지만,
별은 빅뱅의 후예이기도 하다.
그래서 나는 이렇게 말하는 것을 더 좋아한다.

호일은 죽는 날까지 정상 우주론을 차갑게 고집했지만,
서서히 끓어오르는 빅뱅 이론의 인기를 식히진 못했다.
심지어 교황 비오 12세는 1950년대에 있었던 어느 연설에서
빅뱅 이론이 창세기의 이야기를 확증한다고 선언함으로써,
르메트르의 가설을 공개적으로 지지하고 칭찬하기도 했다.

이에 마음이 편치 않았던 르메트르는 교황에게
하느님의 창조와 빅뱅을 연관시키지 말아 달라고 요청하기도 했다.
르메트르는 그 자신이 사제였음에도
신학과 과학을 구분해야 한다고 생각했던 것이다.

그 후에도 한동안 빅뱅 이론과 정상 우주론의 판정은 모호해 보였다.
어느 쪽이 옳다고 명백히 판단할 수 있는 근거가 없었기 때문이다.
그러던 중 1964년 미국에서 우연한 사건이 일어났다.

8장
빅뱅 이론 II

빅뱅의 화석, 우주배경복사

빅뱅 우주론이 돌풍을 일으키고 있긴 했지만,
아직은 작은 회오리에 불과했다.
1960년대 전까지 빅뱅 우주론을 진지하게 믿는
천문학자들은 여전히 소수였다.

첫 번째 구멍은 우주에 존재하는 헬륨의 비율이었다.
정상 우주론을 가정하면 우주 물질의 약 4분의 1이나
차지하는 헬륨의 비율을 설명할 수 없었다.

두 번째 구멍은 1960년대에 발견한 퀘이사Quasar였다.
퀘이사란 아주 멀리 있는 은하의 중심핵이다.
그 은하의 중심에는 거대한 블랙홀이 있고,
은하의 수백 배에 달한 만큼 밝은 빛을 내뿜는다.

정상 우주론에 따르면 우주의 과거나 현재,
미래의 모습은 언제나 같아야 한다.
그렇지만 퀘이사는 주로 아주 먼 곳에서만 발견되었다.
이것은 우주의 과거와 현재가 다르다는 뜻이었다.

정상 우주론에 문제가 있다고 해서 빅뱅 우주론이 옳다는 것은 아니었다.
빅뱅 우주론을 입증하려면 제대로 된 한 방이 필요했다.

알파-베타-감마 논문이 나온 직후 앨퍼는 동료였던
로버트 허먼과 함께 밀도와 온도 사이의 관계를 계산했다.
그리고 우주의 진화 과정을 추적한 끝에 현재 우주의 온도는
절대온도 5K으로 식었다고 주장하는 논문을 발표했다.

절대온도

단위는 대문자 K로 표기하며
켈빈Kelvin이라 읽는다.
절대온도 0K는
섭씨 -273.15°C이다.
절대온도 0K는 존재할 수 있는
가장 낮은 온도로 이보다
낮은 온도는 존재할 수 없다.

이를 검증할 수만 있다면 빅뱅의 강력한 증거가 될 수 있었다.
그러나 절대온도 5K은 무지무지 낮은 온도라
당시의 장비로 이를 검증하는 것은 불가능했다.

세월이 흐르고 1960년대에 이르자
이를 제법 진지하게 연구하고자 하는 사람이 나타났다.
프린스턴대학의 물리학 교수 로버트 디키는 빅뱅 우주론을 발전시켜
초기 우주의 온도가 아주 높았을 때 나오는
복사Radiation를 예상하고 이를 관측해 보기로 결심했다.

하지만 이를 실제로 관측해서 유명해진 것은 엉뚱한 두 사람이었다.
미국 벨 연구소에서 근무하던 미국의 천문학자
아노 펜지어스와 로버트 윌슨이 그 주인공이다.

펜지어스와 윌슨은
벨 연구소에 있는 커다란 안테나를 사용하여
빅뱅과 관련 없는 연구를 하고 있었다.

펜지어스와 윌슨은 원치 않는 잡음을
제거하기 위해 온갖 노력을 다했다.
하지만 잡음은 집요하게 남아
이들을 괴롭혔다.

그들의 노력 중에 가장 널리 알려진 것은 비둘기 에피소드다.
잡음이 잡히는 안테나 안에 비둘기 보금자리가 있었고,
비둘기 똥이 여기저기 널려 있었다.

그들은 둥지와 똥을
깨끗이 치웠다.
비둘기도 먼 곳으로
날려 보냈다.
그러나 비둘기는
다시 돌아왔고,
다시 똥을 쌌다.

결국 그들은
"가장 인간적인 방법으로"
문제를 해결했다.
어떻게?

총으로
비둘기를
쏘았다.

※ 둘 중 누가
쏘았는지는
밝혀지지
않았다.

가여운 비둘기의 안타까운 희생에도 불구하고
안테나의 잡음은 사라지지 않았다.
이를 위해 1년 넘게 고생하고,
할 수 있는 모든 방법을 동원했으나 마찬가지였다.

펜지어스와 윌슨은 잡음의 원인을 찾는 것을 거의 포기했다.
그들은 벨 연구소와 별로 멀지 않은 곳에 있는
프린스턴대학의 로버트 디키가 이 잡음을 발견하기 위해
전파망원경을 만들고 있다는 사실을 모르고 있었다.

그들의 의문은 펜지어스의 잡음과 디키 팀의 연구,
그 둘 모두를 알게 된 한 천문학자에 의해 해결되었다.
(이야기가 전해진 경로는 복잡한데,
결국 펜지어스는 프린스턴대학으로 전화를 걸게 되었다.)
디키는 펜지어스와 전화 통화를 했고,
그 뒤 동료들에게 이런 말을 남겼다.

펜지어스와 디키가 연결되면서 골치 아픈 잡음의 정체가 밝혀졌다.
앨퍼와 허먼이 이론적으로 예측하고, 디키가 찾아 보기로 결심했던
우주배경복사Cosmic microwave background가 잡음의 원인이었다.

초기 뜨거운 우주에는 원자핵과 전자가 분리되어 있었다.
그리고 빛(광자)이 있었다. 이 초기의 빛은 원자로 묶이지 않은
전자들에 부딪혀서 직선으로 뻗어나갈 수 없었다.

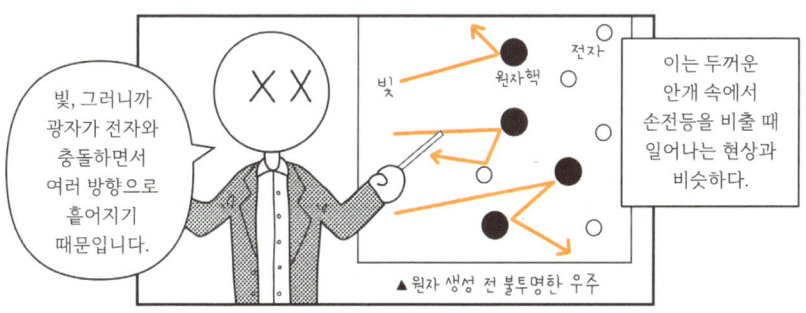

빅뱅 이후 약 38만 년이 지나자 우주의 온도가 3000K으로 떨어졌다.
드디어 원자핵과 전자는 묶여서 원자가 될 수 있었고,
덕분에 빛은 전자의 방해를 받지 않고 똑바로 직진할 수 있게 되었다.

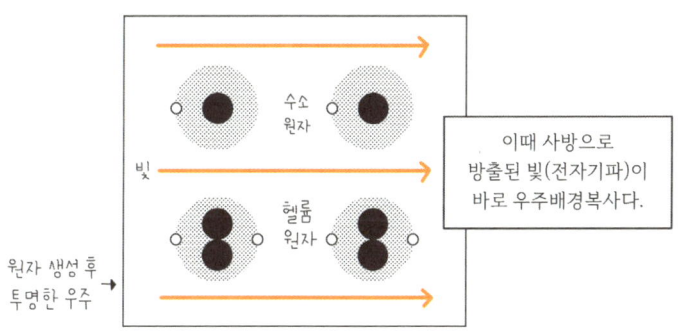

이 말인 즉, 지금 우리는 빅뱅 38만 년 후부터 날아온 빛을 볼 수 있다는 뜻이다.
이 빛은 아주 오랜 시간에 걸쳐 우리에게 날아왔고, 그동안 우주는 계속 팽창했다.

빛은 전자기파의 일종이다.
전자기파는 파장에 따라 구분할 수 있다.
우리가 보통 일상에서 빛이라고 말하는 것은
전자기파에서 가시광선 영역에 있는 부분이다.

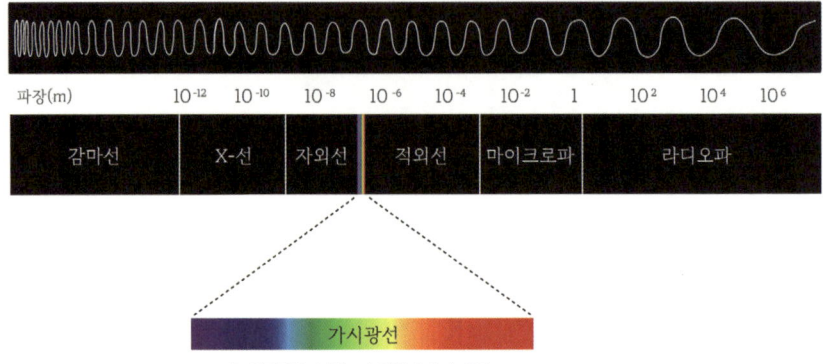

▶ 인간의 눈으로는 이 영역만 볼 수 있다.

전자에게 해방되어 뻗기 시작할 당시
빛은 대부분 가시광선으로 방출되었다.
하지만 우주가 팽창함에 따라 적색편이가 일어났고
(파장이 길어졌고) 온도는 내려갔다.

아무튼 펜지어스와 윌슨은 벨 연구소에서 디키의 팀과 만났고,
1965년에 각각 한 편의 논문을 발표했다.

두 논문은 《뉴욕타임스》 1면 기사로 크게 보도되었다.
그리고 펜지어스와 윌슨은 이 우연한 발견으로
1978년 노벨물리학상을 차지했다.

우주배경복사의 발견에 대해
영국의 저명한 물리학자 스티븐 호킹은 이렇게 평했다.

우주배경복사라는 튼튼한 무기가 생김으로써
드디어 빅뱅 우주론은 학계의 정설로 인정받게 되었다.
그러나 과학에서 정설이 되었다는 이야기는
그 이론이 신성한 교리로 승격되어
진리의 전당에 영원히 머무르게 될 거라는 뜻은 아니다.

이후 많은 과학자가 우주론 연구에 뛰어들면서
빅뱅 이론만으로 풀 수 없는 여러 가지 문제가 제기되기 시작했다.

펜지어스와 윌슨이 발견한 잡음을 우주배경복사라고
확신할 수 있었던 중요한 이유 중 하나는
잡음이 모든 방향에서 똑같이 잡힌다는 등방성 때문이었다.

그러나 초기 우주가 모든 곳에서 완벽하게 똑같았다면
별이나 은하가 지금과 같이 만들어질 수 없었다.
즉 현재의 우주를 설명하려면 우주배경복사의 온도는
방향에 따라 미세한 차이가 반드시 존재해야만 했다.

이후 1989년, NASA는 우주배경복사를 더욱 세심하게
관측하기 위해 코비(COBE, Cosmic Background Explorer) 인공위성을 띄웠다.
그리고 코비는 우주배경복사의 온도가 완전히 균일하지 않고
10만분의 1정도 수준에서 미세한 차이를 보인다는 점을 발견했다.
(미세한 온도 변이는 그 정도로 미세한 밀도 변이를 의미한다.)

▲ 코비 프로젝트의 책임자

코비는 우주배경복사의 온도를 측정했고 결과는 약 2.7K이었다.
(1940년대에 앨퍼와 허먼이 당시 연구 결과를 바탕으로
예상했던 우주배경복사의 온도는 5K이었다.)

이 차이에 대해 어느 물리학자는 이렇게 말한다.

"우주배경복사의 존재를 예측하고 그 온도를 2배 이내의 정확도로 짚어 낸다는 것은,
20미터 크기의 비행접시가 백악관 잔디밭에 내려앉을 것으로 예측했는데
실제 앉은 걸 보니 20미터가 아니라 10미터였음에 대응할 정도의 쾌거다."*

또한 코비는 우주배경복사의 스펙트럼을 관측하여 하나의 그래프를 뽑아냈다.
이 그래프는 빅뱅이 있었다면 반드시 그래야 할 계산값과
거의 완벽하게 일치함으로써 모든 천문학자를 전율하게 했다.

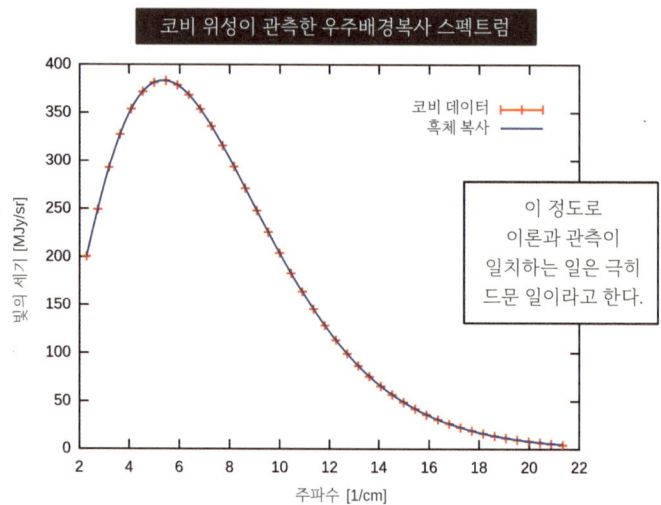

이 정도로 이론과 관측이 일치하는 일은 극히 드문 일이라고 한다.

코비 프로젝트의 책임자였던 존 매더와
조지 스무트는 2006년 노벨물리학상을 수상했다.
이로써 빅뱅 이론은 확고한 이론으로 자리를 굳히게 되었고,
우주배경복사는 우주론 연구의 중심으로 부상했다.

존 매더

조지 스무트

우주배경복사를 쫓는 천문학자들의 애정은 그 후로도 계속되었다.
코비는 1993년까지 임무를 수행하다 은퇴했고,
2001년 더블유맵(WMAP) 위성이 뒤를 이었다.

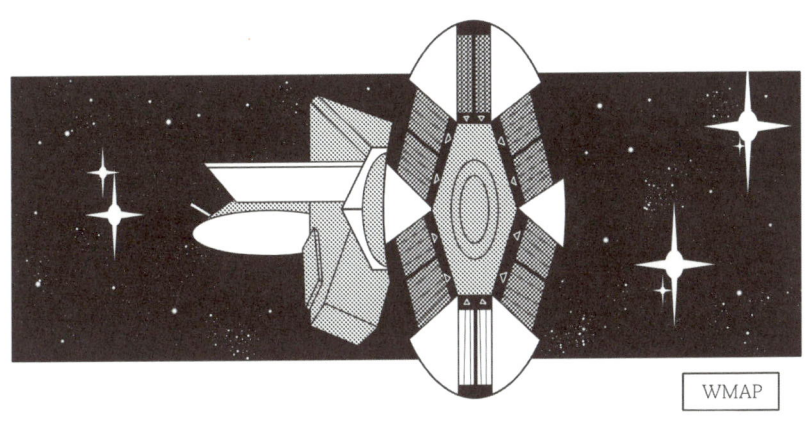

WMAP

더블유맵은 우주배경복사의 미세한 온도 차이를 더욱 정밀하게 측정할 수 있었고,
코비의 이미지보다 해상도가 높은 이미지를 우리에게 선물했다.

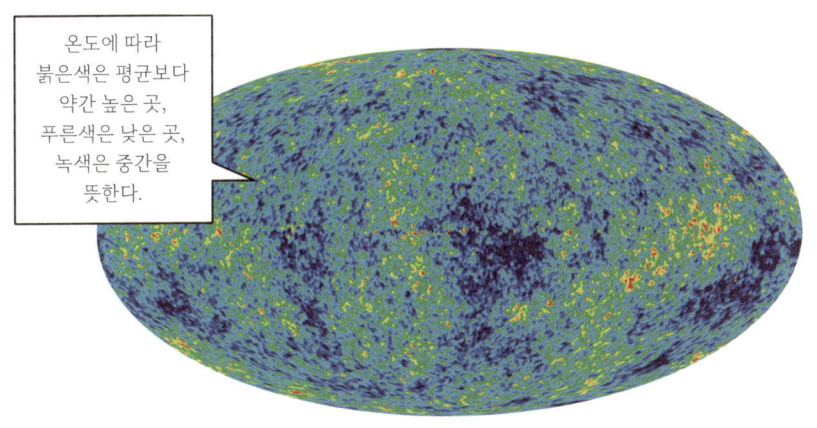

온도에 따라
붉은색은 평균보다
약간 높은 곳,
푸른색은 낮은 곳,
녹색은 중간을
뜻한다.

▲ 더블유맵의 우주배경복사 지도는 명암비를 높인 사진이라 온도 차이가 도드라지게
느껴지지만, 가장 높은 온도와 가장 낮은 온도의 차이는 10만분의 1 정도에 불과하다.

2009년에는 더블유맵보다 성능이 좋은 플랑크가 발사되었다.
플랑크 망원경은 더욱 높은 해상도로 우주배경복사의 지도를 제공했고,
우주의 나이가 약 138억 년임을 밝혀냈다.
(이것이 현재 우리가 알고 있는 우주의 나이다.)

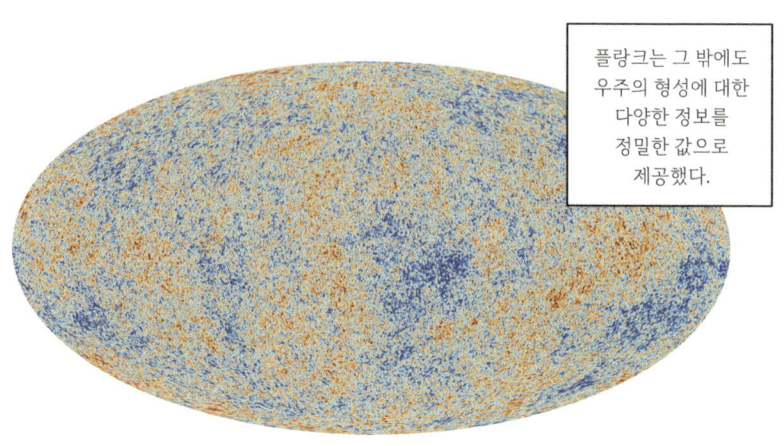

플랑크는 그 밖에도 우주의 형성에 대한 다양한 정보를 정밀한 값으로 제공했다.

꼭 우주 망원경이 있어야만 우주배경복사를 볼 수 있는 것은 아니다.
우리도 직접 우주배경복사의 흔적을 확인할 수 있다.
주파수가 안 잡히는 옛날 아날로그 텔레비전의 빈 채널에서 볼 수 있는
노이즈 중 일부가 바로 우주배경복사에 의한 것이기 때문이다.

정리해 보자.
아인슈타인은 상대성 이론을 만들었고,
프리드만과 르메트르가 상대성 이론을
이용하여 역동적인 우주를 예측했다.

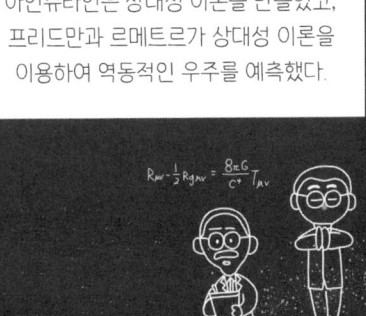

허블은 팽창하는 우주를 관측했고,
이로 인해 시간을 되돌리면
우주가 한 점에서 탄생했을 것이라는
르메트르의 원시 원자 가설에 힘이 실렸다.

원시 원자 가설은
빅뱅 우주론으로 발전하여
우주배경복사를 예측했고,
펜지어스와 윌슨이
우주배경복사를 관측했다.

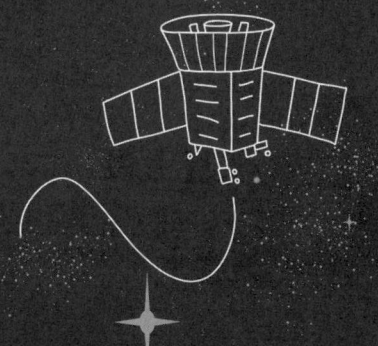

연구가 계속되면서 우주배경복사에
극히 미세한 온도 변화가
있어야 한다는 사실이 요구되었고,
코비는 우주배경복사에서
10만분의 1의 온도 차이를 관측했다.

이처럼 과학 이론의 탄탄한 서사는 기본적으로
가설, 예측, 검증의 반복이라는 단순한 리듬으로 이루어져 있다.
빅뱅 이론은 많은 과학자의 계산과 노력과 우연으로 검증 가능한
과학 이론의 반열에 당당히 오를 수 있었고,
현대 우주론의 기본 전제로 자리 잡았다.

빅뱅의 드라마는 아직 끝나지 않았다.
이 이야기는 빅뱅 이론의 문제점들이
소나기처럼 쏟아지던 시대로 돌아간다.

9장
빅뱅 이론 III

인플레이션 우주론, 암흑물질, 암흑에너지

빅뱅 이론은 우주배경복사라는 품질 보증서가 붙은 뒤
우주의 진화와 기원을 설명하는 명품 패러다임으로 자리 잡았다.
그러나 아직도 풀리지 않는 문제들이 남아 있었다.

첫 번째 성가신 문제는 우주배경복사의 온도가
어느 곳에서나 거의 정확하게 똑같다는 것이었다.

이것이 왜 문제일까?
컵에 찬 물과 뜨거운 물을 섞으면 컵 속 물의 온도는
뜨거운 물과 차가운 물의 중간 온도로 수렴할 것이다.
이때 뜨거운 물질과 차가운 물질이 만나
열평형 상태에 도달하기 위해서는 반드시 시간이 필요하다.

예를 들어 우리 은하를 기준 삼아 한쪽으로
100억 광년 떨어진 A 지점이 있다고 하자.
그렇다면 그 반대 방향으로 100억 광년 떨어진 B 지점도 있을 것이다.

▲ 우리 은하와 A 지점 혹은 B 지점 사이의 거리는 100억 광년이지만,
A 지점과 B 지점 사이의 거리는 200억 광년이 된다.

바로 이 지점에서 의문이 생긴다.
현재 우리가 알고 있는 우주의 나이는 138억 년에 불과한데,
어떻게 200억 광년 떨어진 A 지점과 B 지점이
열평형 상태를 이루고 있는 것일까?

혹시 우주 초기에는 두 지점이 붙어 있었기 때문은 아닐까?
하지만 현재 어떤 두 지점이 138억 광년 이상 떨어져 있다면,
계산상 그 두 지점은 과거 어떤 시점에도
정보를 주고받을 수 없는 거리만큼 떨어져 있어야만 했다.

두 번째 문제는 **평탄성 문제** 혹은
편평도 문제라고 불리는 골칫거리였다.

아인슈타인이 일반 상대성 이론을 통해 우아하게 증명했듯
질량과 에너지는 공간을 휘어지게 만든다.
이 말인즉 우리 우주의 모양은 우주 전체에 존재하는 물질과
에너지의 양에 따라 결정된다는 뜻이다.

일찍이 프리드먼은 아인슈타인 방정식을 풀어,
존재하는 물질의 밀도에 따라 우주의 모양을
세 가지 시나리오로 구분했다.

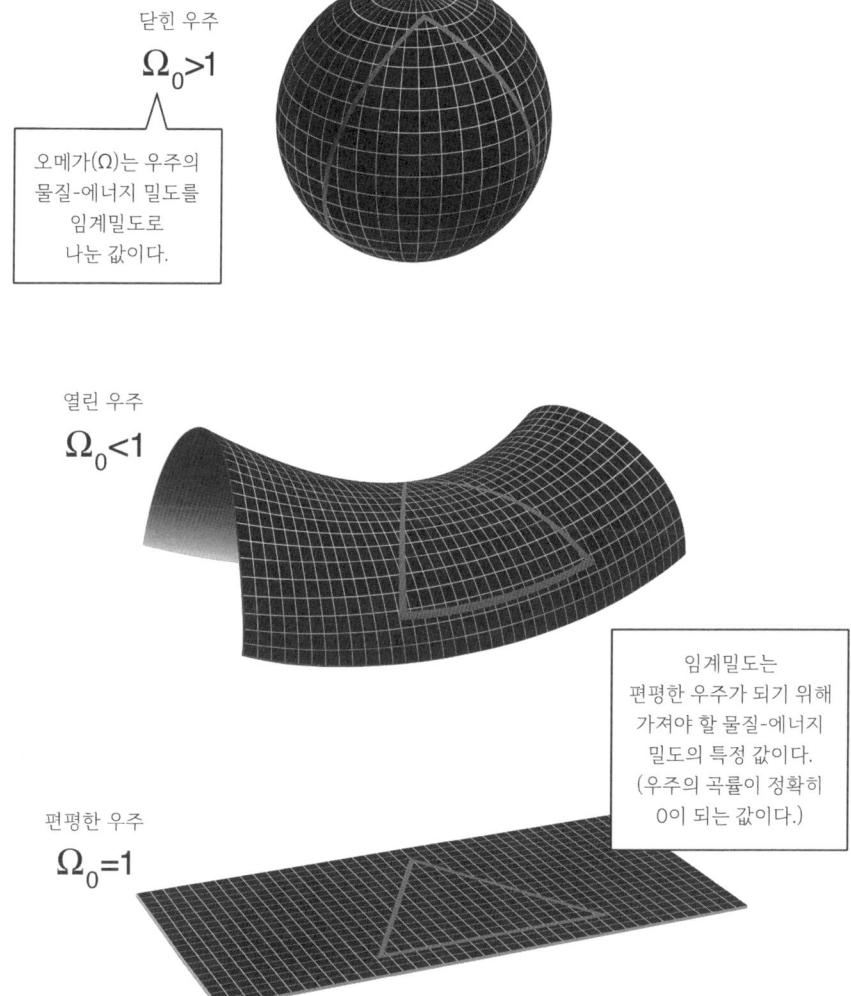

닫힌 우주
$\Omega_0 > 1$

오메가(Ω)는 우주의 물질-에너지 밀도를 임계밀도로 나눈 값이다.

열린 우주
$\Omega_0 < 1$

임계밀도는 편평한 우주가 되기 위해 가져야 할 물질-에너지 밀도의 특정 값이다. (우주의 곡률이 정확히 0이 되는 값이다.)

편평한 우주
$\Omega_0 = 1$

그런데 우주가 지금처럼 편평해지려면,
빅뱅 이후 1초가 지났을 때 우주의 Ω가 1과 소수점 아래로
0이 징그럽게 많이 붙을 정도로 정확해야 한다.

초기 우주의 Ω가
거의 1에 가까웠다는 것은
어마어마한 기적에 가까운 일이다.

연필이 지우개 쪽 납작한 부분을
아래에 두고 서 있는 것이 아니라
뾰족한 부분을 아래로 해서
계속 서 있는 것처럼
말도 안 되는 확률이라는 것이다.

평탄성 문제를 다소 과감한 방식으로 매듭짓는 과학자들도 있었다.
초기 우주가 그토록 기적 같은 확률로 편평한 까닭은
이미 우리가 그런 우주에 살게 되었기 때문이라는 것이다.
다른 식으로 말하면 '우리가 존재하기 위해서는
그렇게 되어야 하기 때문'이라는 설명이다.

지평선 문제와 평탄성 문제를 이론적으로
그럴듯하게 해결한 사람이 미국의 물리학자 앨런 구스다.

▲ 현재 미국 MIT의 교수로 재직하고 있다.

1979년, 구스는 한 가지 아이디어를 떠올렸다.
그가 떠올린 아이디어는 단순했다.

원래 구스가 인플레이션 우주론을 고안했던 것은
자기 홀극 문제를 해결하기 위해서였다.

자기 홀극이란 무엇일까?
거칠게 설명해서 N극 혹은 S극 중
하나만 갖고 있는 자석이라고 생각하면 된다.

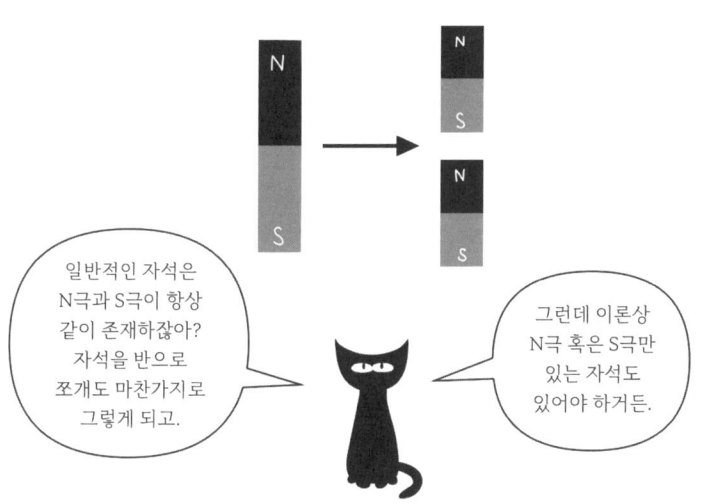

구스는 우주에서 자기 홀극이 발견되지 않는
이유를 고민하다가 이렇게 생각했다.

인플레이션 우주론에 의하면 우주는 초기 진화 과정에서 상상하기도 힘든 짧은 시간 동안 상상할 수도 없는 무지막지한 크기로 갑자기 커졌다. 팽창은 아주 짧은 순간순간 두 배씩 커지면서, 우주의 각 지점 사이의 거리는 빛보다 빠르게 팽창했다. 마치 압축된 용수철처럼 응축된 에너지가 순식간에 튀어 오르는 것처럼 폭발적으로 말이다.

인플레이션 우주론은 빅뱅 이론의 발목을 잡던 지평선 문제와 평탄성 문제까지 한꺼번에 해결할 수 있었다. 지평선 문제는 이렇게 설명할 수 있다.

평탄성 문제는 이렇게 설명한다.
급팽창 이전의 우주가 아무리 휘어져 있었더라도,
급팽창을 겪는다면(우주가 매우 매우 커진다면)
자연스럽게 공간은 편평해질 수밖에 없다. 어떻게?

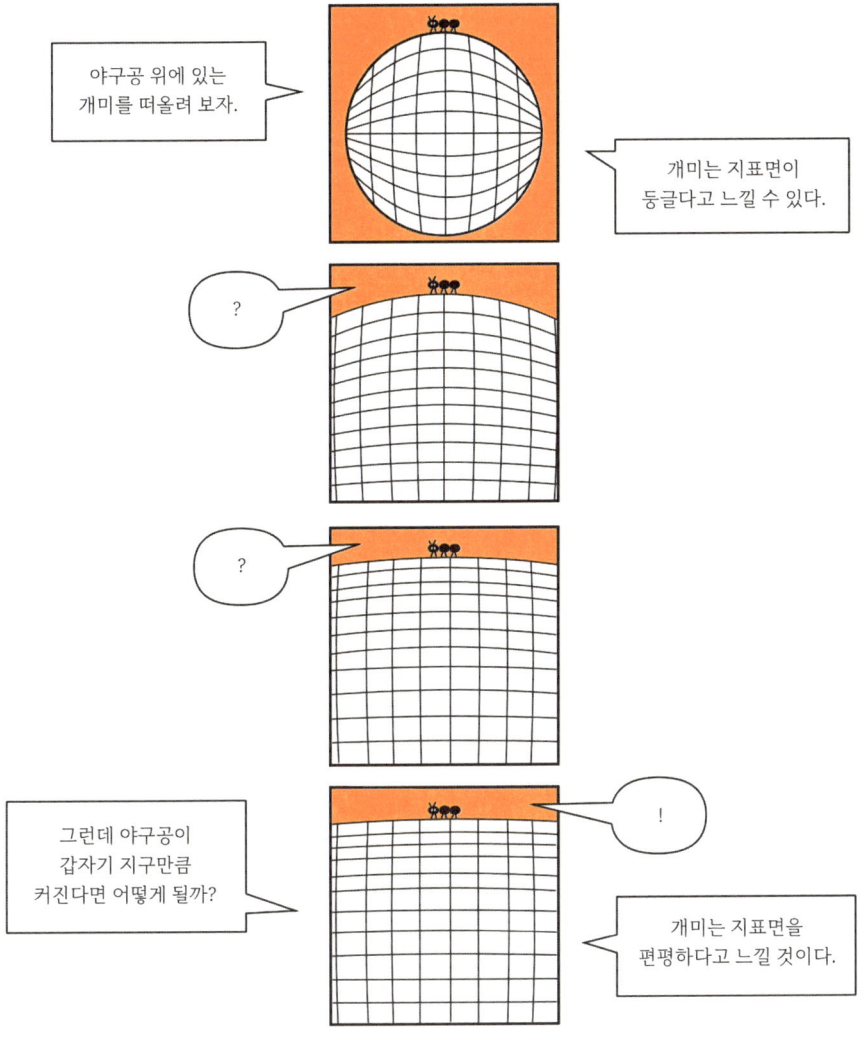

마찬가지로 우주가 휘어져 있더라도 우리가 관측할 수 있는 우주는
우주의 극히 일부이기에 편평하게 관측된다는 것이다.

인플레이션 우주론은 1980년에 발표되었다.
구스의 심플한 아이디어는 지평선 문제와 평탄성 문제,
그리고 자기 홀극 문제까지 한 방에 해결할 수 있는 마스터키였고,
대다수 과학자는 반색할 수밖에 없었다.

▲ 1969년 노벨물리학상을 수상한 미국의 물리학자.

이후 인플레이션 우주론은 빅뱅 이론과 함께
표준 우주 모형에 포함되어 교과서에 실렸다.
표준 우주론을 통해 우리는 우주의 기원과 구조,
진화 과정에 대해 상당 부분을 이해할 수 있게 되었다.
그런데 아직도 이상한 것들이 남아 있었다.

먼저 **암흑물질**Dark matter에 대해 알아보자.
빅뱅 이론에 의하면 우주에 존재하는 가벼운 원소들의
양과 비율을 관측과 일치하게 예측할 수 있다.
그런데 빅뱅 이론에 따른 우주의 물질 밀도 예측값은
편평한 우주를 만들기 위한 임계밀도에 턱없이 부족하다.

1930년대에 천문학자 프리츠 츠비키는
은하의 움직임을 추적하다가 기이한 현상을 발견했다.

▲ 스위스 출신의 미국 천문학자.
초신성이라는 용어를 만들기도 했다.

츠비키는 코마 은하단Coma Cluster이라는 은하단을 연구하면서
은하들의 전체 질량과 은하들이 갖고 있는 전체 중력을 계산했다.
그리고 은하들의 속도가 지나치게 빠르다는
사실을 발견했는데, 이것이 미스터리였다.

관측된 속도로 빠르게 움직이는
은하단을 붙잡아두기에,
코마 은하단의 질량은 턱없이 부족했다.
대체 어떻게 된 것일까?
츠비키가 내린 결론은 과감했다.

츠비키는 빠르게 움직이는 은하를 붙잡지만,
눈에는 보이지 않는 이상한 물질이
존재한다고 주장했다.

츠비키가 암흑물질의 존재를 주장한 것은 1930년대의 일이었다.
과학계의 새로운 발견이 정설로 자리 잡기까지
수 년(혹은 수십 년)이 걸린다는 사실을 생각해 보면,
당시 츠비키의 주장에 대한 반응을 상상해 보기란 어렵지 않을 것이다.

아무도 관심 갖지 않았던 암흑물질은
그로부터 약 3~40년 뒤 미국의 천문학자
베라 루빈에 의해 재조명되었다.

루빈은 동료 켄트 포드와 함께
많은 수의 은하를 관측하며 각 은하의 회전 속도를 측정했다.

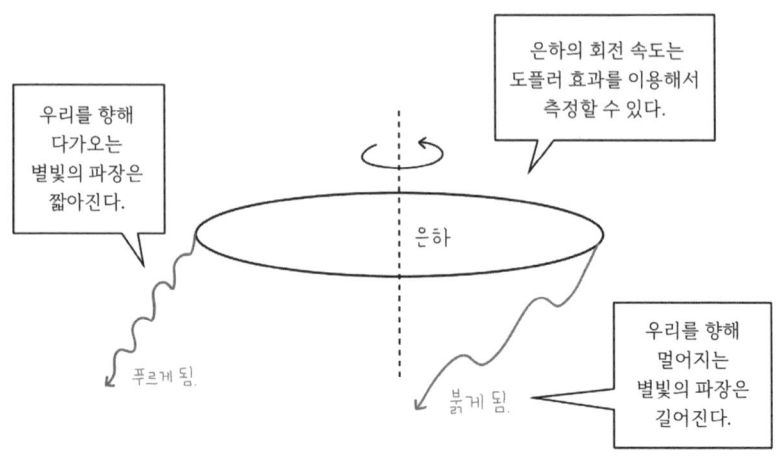

그들은 은하의 중심에서 가장자리에 있는
별들을 구분해서 속도를 측정했다.
루빈과 포드는 은하의 중심에서 멀리 떨어진
별일수록 이동 속도가 느릴 것이라고 예상했다.

그런데 관측 결과가 희한했다.
은하의 회전 속도는 중심에서 거리와 관계없이 거의 비슷했던 것이다.
심지어 어떤 은하는 가장자리 부분의 속도가 중심부의 속도보다 더 빨랐다.

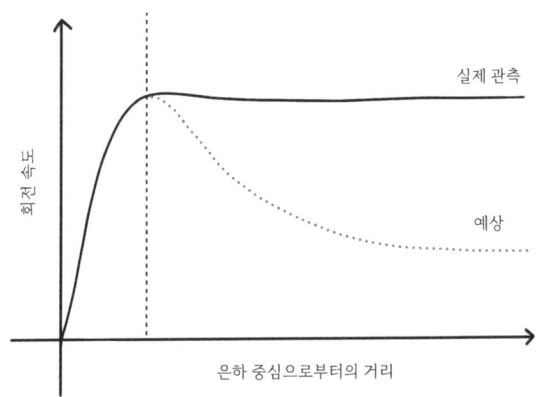

은하의 바깥 부분에 있는 별들이 이 정도 속도로 빠르게 회전한다면
별들은 은하 밖으로 퉁겨져 날아가야만 했다.
하지만 모든 나선 은하들은 중력과 원심력이 평형을 이루며
은하의 모양을 예쁘게 유지하고 있었다.

이것이 가능하려면 은하의 총질량은 관측된 것보다 10배 이상 커야 했다.
즉 은하에는 전체 질량의 약 90% 정도 차지하는
미지의 물질이 있어야만 했다.

루빈은 수십 년 전 츠비키가 주장한 암흑물질의 새로운 증거를 발견한 것이다.

그녀는 자신의 연구를 1970년대에 발표했고, 1970년대 후반이 되자 대부분의 천문학자가 암흑물질의 존재를 진지하게 받아들였다.

암흑물질은 빛을 내지 않아 관측할 수는 없다.
하지만 중력 작용으로 존재를 파악할 수는 있다.
우주에는 눈에 보이는 전체 질량보다
무려 대여섯 배나 많은 암흑물질이 존재한다.

그렇게나 많이?

이제 암흑에너지로 넘어가 보자고.

암흑에너지Dark energy는 무엇일까?
20세기의 끄트머리에 어떤 중요한 사건이 일어났다.
당시 천문학자들은 팽창하는 우주에 대해 이렇게 생각했다.

그런데 1998년, 정반대의 결과가 나왔다.
천문학자들은 초신성을 연구하다가
우주의 팽창 속도가 느려지는 것이 아니라
오히려 가속 팽창하고 있음을 발견했다.
대체 무엇이 우주를 가속 팽창시키고 있는 걸까?

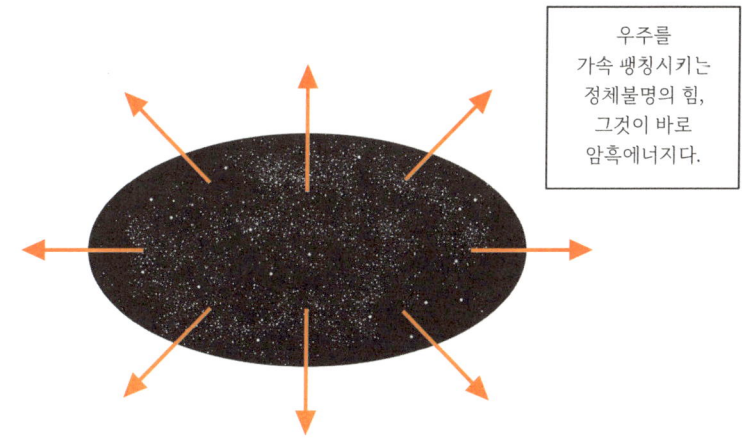

일찍이 아인슈타인은 정적인 우주를 수호하기 위해
자신의 방정식에 반反중력의 일종인 우주 상수 Λ(람다)를 추가했다.
그는 이것을 생애 가장 큰 실수라고 후회했다.
그런데 정말로 우주의 팽창을 돕는 척력 Λ가 존재했던 것이다.

암흑물질과 암흑에너지를 해부하듯이
정확하게 설명하는 것은 불가능하다.
천문학자들도 무엇인지 확실하게 모르기 때문이다.
다만 (거의) 확실하게 말할 수 있는 것은
암흑물질과 암흑에너지가 우주에 존재한다는 사실 뿐이다.

현재 우리가 알고 있는 우주는 별이나 은하 같은 일반 물질이
약 20분의 1을 차지하고 있다.
암흑물질은 약 4분의 1을 점유하고 있으며
나머지는 온통 암흑에너지로 뒤덮여 있다.

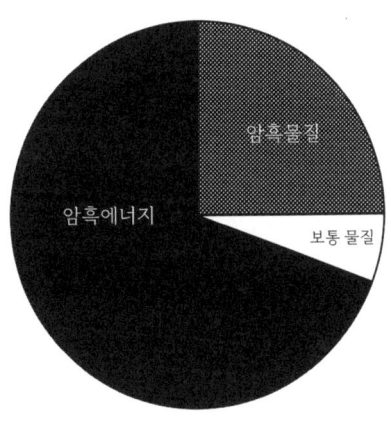

즉 우리는 우주를
구성하는 성분의
대부분(약 95%)을
모르고 있는 셈이다.

빅뱅, 인플레이션 우주론, 암흑물질, 암흑에너지를 포함하는 표준 우주 모형은
우주의 진화를 성공적으로 설명하며 관측 결과와도 잘 들어맞는다.

표준 우주 모형은
말 그대로
우주론의 표준으로
가장 신뢰받는
모델입니다.
가장 신빙성 높은
가설이죠.

이러한 현대 우주론을 지탱하는 뼈대는
일반 상대성 이론으로 이루어져 있다.
일반 상대성 이론 덕분에 인간이
우주를 방정식으로 다룰 수 있게 된 것이다.

그래서 흔히 현대 우주론의 출발점을 일반 상대성 이론이라고 말하지.

일반 상대성 이론은 우주를 기술하는
클래식한 이론이지만 불완전한 이론이다.
우리 우주는 일반 상대성 이론으로 설명할 수 없는
해괴한 부분도 존재하기 때문이다.

일반 상대성 이론은 결국 중력 이론이야. 근데 우주에는 중력만 존재하는 게 아니니까.

우주를 보다 온전히 이해하기 위해서는
또 하나의 아름다운 이론이 필요하다.
모든 물리학자가 입을 모아 아름답다고 칭송하는 이론,
바로 양자 역학이 그 주인공이다.

10장
양자 역학 I

우주에서 가장 기묘한 이야기

천문학과 물리학은 각자의 뿌리를 갖고 있으면서도
따로 또 같이 한 몸을 이룬 연리지라고 할 수 있다.

현대 물리학을 탄생시킨 거대한 뿌리 중 하나가 상대성 이론이라면,
나머지 다른 굵직한 뿌리가 바로 양자 역학이다.

지금까지 양자 역학이 쉽다고
말하는 지구인은 아무도 없었다.
양자 역학의 대부
닐스 보어는 이렇게 말했다.

아인슈타인 이후 20세기 최고
천재 물리학자로 평가받는
리처드 파인만의 발언도 유명하다.

과학사에서 천재라고 칭송받는 비범한 사람들조차
양자 역학에 현기증을 느꼈던 까닭은 무엇일까?
무엇보다 가장 큰 이유는 양자 역학이 인간의 경험과 직관을
뒤틀고, 배신하고, 심지어 조롱하기 때문일 것이다.

양자 역학은 매우 어렵지만 골치 아픈 수학은 괄호치고,
비직관적인 개념에 투항해서 기묘한 결론에 순응할 수 있다면
기본 개념 정도는 어설프게나마 한 스푼 정도 이해할 수 있다.

양자 역학은 원자처럼 아주 아주 아주 아주 아주 아주 아주
작은 세계에서 벌어지는 현상을 설명하는 학문이다.
그래서 흔히 상대성 이론은 거시 세계를 다루고
양자 역학은 미시 세계를 다룬다고 이야기한다.

상대성 이론이 아인슈타인이 방망이 깎는 노인처럼
(거의) 혼자서 빚은 거대한 이론이었다면,
양자 역학은 아인슈타인만큼 똑똑한 거인들이
옥신각신 다투면서 함께 만든 정교한 이론이라고 할 수 있다.

때는 1900년.
양자 역학이라는 기기묘묘한 이론의 프롤로그는
독일의 물리학자 막스 플랑크의 대담한 발상에서 시작한다.

플랑크는 흑체Black body가 내는 복사를 연구하는 과정에서 고전 역학으로
설명되지 않는 실험 결과를 설명하기 위해 한 가지 이상한 가정을 했다.

에너지가 양자의 정수배에 한정된다는 것이 무슨 말일까?
이 말은 에너지는 연속적인 것이 아니라 불연속적이라는 뜻이다.

플랑크는 에너지가 연속적인 흐름으로 이루어진 것이 아니라
작은 덩어리로 분포되어 있다고 생각했다.
이때 이 불연속적인 에너지 덩어리를 **양자**Quantum라 부르고,
이런 식으로 에너지가 덩어리를 이루고 있는 것을
양자화Quantization되어 있다고 말한다.
(양자 역학에서 양자의 의미는 띄엄띄엄한 양量이다.)

빛 에너지가 불연속적인 흐름으로 존재한다는 것은
빛이 입자처럼 덩어리진 에너지를 갖고 있다는 뜻이었다.
그러나 보수적인 플랑크는 빛이 입자라는 사실을
받아들일 수 없었고, 심지어 터무니없다고 여겼다.

비록 존엄한 뉴턴이 빛은 입자라고 주장했지만,
이후 과학자들의 정교한 연구로 당시에는
빛이 파동이라는 생각이 일반적이었다.

세월이 흘러 1905년,
빛이 파동이라 굳게 믿고 있던 플랑크에게
빛은 입자라고 주장하는 깜찍한 논문이 배달되었다.
논문의 저자는 고등학교 교사 자격증을 가진
20대 무명 물리학자였다.

1905년은 아인슈타인의 기적의 해라고 불리는 바로 그 연도다.
그해에 발표한 첫 번째 논문이 플랑크가 읽은
광전 효과 Photoelectric effect에 관한 논문이다.

아인슈타인은 플랑크의 양자 가설을 전자기파에 적용한
광양자光量子 가설을 도입하여 광전 효과 현상을 깔끔하게 설명했다.
(아인슈타인은 상대성 이론이 아니라 이 논문으로 1921년 노벨물리학상을 받았다.)
이렇게 에너지나 운동량 등이 모두 양자화(최소량으로 덩어리져 있음)되어
있다는 것은 양자 역학의 매우 중요한 특징 중 하나이다.

아인슈타인은 광전 효과 논문으로 빛의 입자성을 밝혀냈다.
하지만 당시 대부분의 과학자는 빛이 입자라는 것을 믿을 수 없었다.
빛이 파동이라는 증거가 수두룩했기 때문이었다.

그래서 빛은 파동일까? 입자일까?
당시 물리학자들이 이 문제로 머리를 쥐어뜯던 중,
물리학자이자 지체 높은 귀족인 드 브로이가 등장해 괴상한 제안을 했다.
드 브로이는 아인슈타인의 광양자 가설을 토대로,
그것을 뒤집어 전자 같은 입자가 파동이라고 주장한 것이다.

▲ 뼈대 있는 프랑스 귀족 가문 출신 물리학자.

드 브로이는 1923년에 이 아이디어를 떠올렸고 박사 논문으로 제출했다.
황당한 드 브로이의 가설에 회의적이었던 논문 심사 위원들은
(이제는 상대성 이론으로 슈퍼스타가 된) 아인슈타인에게 자문을 요청했다.
돌아온 아인슈타인의 답변은 이러했다.

1924년, 드 브로이는 박사 논문을 디펜스하며
빛은 입자와 파동이라는 모순적 성질을 동시에 갖고 있고,
한발 더 나아가 모든 물질에 **파동-입자 이중성**
Wave - particle duality이 있다고 주장했다.

입자가 파동이라고?
드 브로이의 이론은 실험으로 검증할 수 있는 과학적 사실일까?
놀랍게도 미국의 물리학자 클린턴 데이비슨과 레스터 저머는
드 브로이의 아이디어를 실험으로 검증하는 데 성공했다.

▲ 이로써 드 브로이는 1929년에 노벨물리학상을 받게 되었고,
데이비슨은 1937년에 노벨물리학상을 받게 되었다.

양자 역학은 우리가 입자라고 생각하는 모든 것이 사실은 파동이라고 말한다.
원자 뿐 아니라 모래, 나무, 당신의 신체, 별 등 전부 다 말이다.

한편 덴마크 물리학자이자 양자 역학의 수장이 될
닐스 보어는 원자의 세계에서 양자 가설을 적용하고 있었다.
보어는 수학에 약했으나 비범한 통찰력을 가진 물리학자였다.
마치 철학자처럼.

▲ 한때 전자를 발견한 조지프 존 톰슨의 제자였고,
원자핵을 발견한 어니스트 러더퍼드의 동료이기도 하다.

톰슨은 건포도 푸딩 모형이라고 불리는 원자 모형을 만들었고,
러더퍼드는 전자가 원자핵 주위를 도는
태양계 구조의 원자 모형을 만들었다.

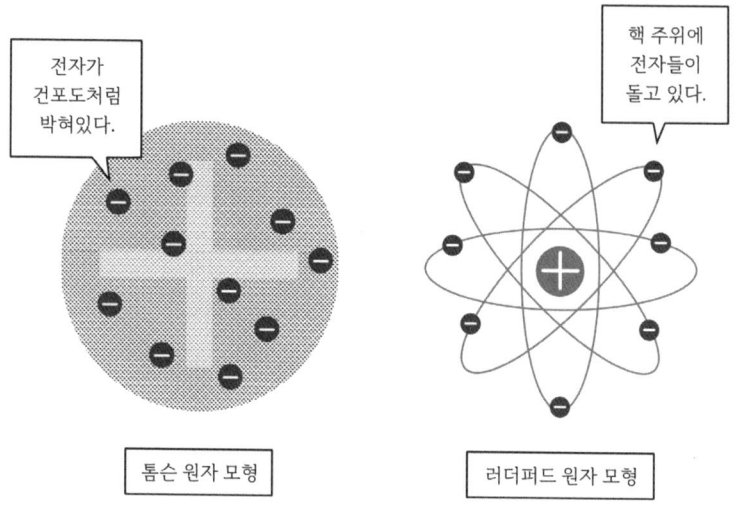

톰슨 원자 모형   러더퍼드 원자 모형

보어의 원자 모형을 이야기하기 전에 원자에 대해 조금 살펴보자.
원자는 원자핵과 전자로 되어 있다.
원자핵은 양전하를 띠고, 전자는 음전하를 띤다.

직관적으로 생각하면 원자핵과 전자는 반대 전하를 띠기 때문에
인력이 작용하여 충돌해야 할 것 같다.

문제는 전자가 가속 운동을 할 때
전자기파(빛)를 방출한다는 것이다.

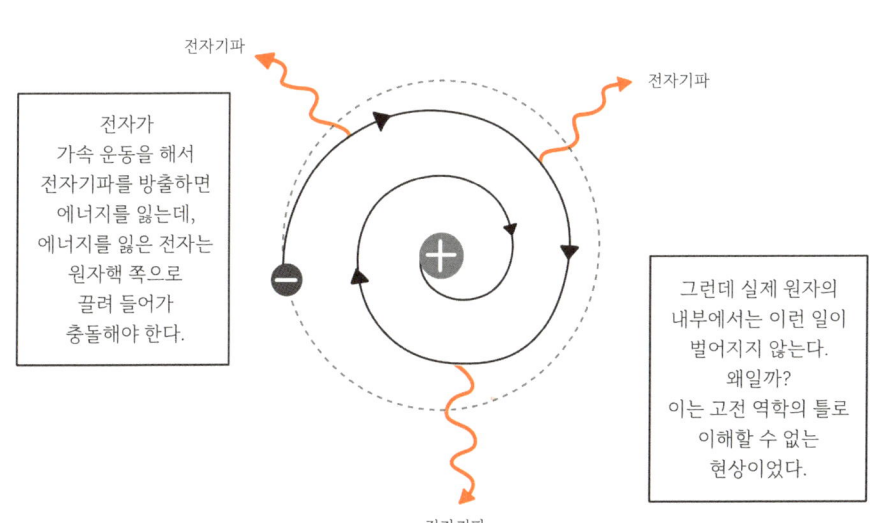

1913년,
보어는 이를 설명할 수 있는 자신만의 원자 모형을 설계했다.
그리고 그 과정에서 기존 물리학으로
도저히 이해할 수 없는 기괴한 가정을 했다.

전자는 원자핵 주변을 돈다.
그러나 전자는 빛을 내지 않으므로 궤도를 유지할 수 있다.
그는 전자가 전자기파를 방출하지 않는 특정 궤도에
전자 껍질 Electron shell이라는 이름을 붙였고,
전자 껍질을 운동하는 전자의 상태에
정상 상태 Stationary state라는 이름을 붙였다.

보어는 전자가 정상 상태라는 띄엄띄엄한 위치에만 존재한다고 가정했다.
(이 말인즉 전자의 궤도가 양자화되어있다는 것이다.)

보어의 설명은 이렇다.
전자가 돌 수 있는 궤도는 위치에 따라
물리적으로 서로 다른 에너지를 갖는다.
그리고 전자가 다른 궤도로 넘어갈 때 에너지 차이가 생기므로
에너지는 흡수되거나 방출되어야 한다.

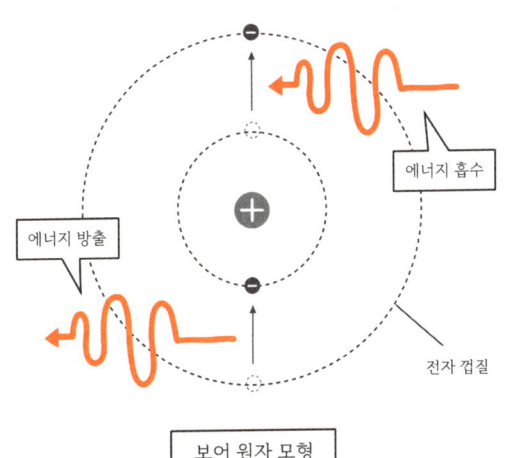

보어 원자 모형

보어는 이때 흡수되거나 방출된 에너지가
원자가 흡수하거나 방출하는 빛이라고 설명한다.

보어의 이론에서 더욱 해괴한 것은 전자의 이동 방법이다.
전자는 전자껍질 사이를 이동할 때 미끄러지듯이
중간 지점을 거쳐서 이동하는 것이 아니라
순간 이동하듯 순식간에 도약한다.
이 현상을 **양자 도약**Quantum jump이라고 부른다.

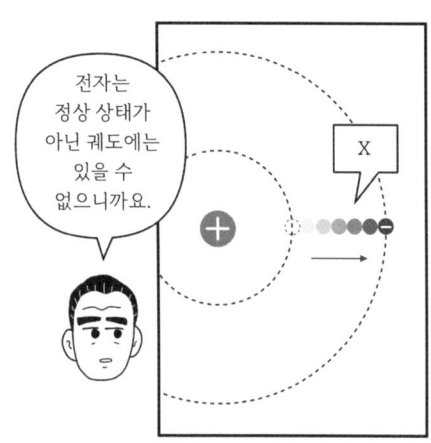
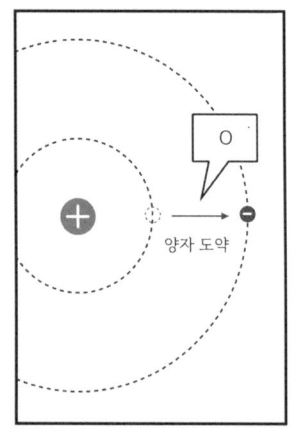

대부분의 기성세대 물리학자는 납득도 이해도 할 수 없었다.
그러나 보어의 원자 모형은 물리학자들이 수십 년 동안 고민하던
수소 스펙트럼의 비밀을 해결하면서 이론의 타당성을 증명했다.

보어의 연구에 대해
아인슈타인은 이런 글을 남겼다.

하지만 보어의 원자 모형은 완벽하지 않았다.
수소 이외의 다른 원자 스펙트럼은 잘 맞지 않았고,
전자가 정상 상태일 때 빛을 내지 않는 이유와
양자 도약의 이유를 보어 자신도 설명하지 못했다.

플랑크에서, 아인슈타인, 보어, 드 브로이에 이르기까지 양자 물리학은
고전 역학에 양자라는 개념이 얽히면서 얼기설기 만들어진 것이었다.
이 불안한 결합은 곧 여러 문제점을 드러냈다.
아인슈타인은 이렇게 말하기도 했다.

불완전한 양자 이론을 다듬어
새로운 양자 역학을 설계하고
양자 혁명을 일으킨
첫 번째 인물은 독일의 물리학자
베르너 하이젠베르크였다.

※ 하이젠베르크는 제2차 세계대전 당시
나치에게 고용되어 원자 폭탄 연구를
한 탓에 논란이 되기도 했다.

베르너 하이젠베르크

1932년 노벨물리학상 수상.

"원자 내에서 일어나는 현상들을
살펴보니 기이하게 아름다운
실내 공간을 바라보고 있는
느낌이 들었고, 이제 이러한
풍부한 수학적 구조를 탐구해야
한다는 생각에 거의 어지러움을
느낄 정도였다."*

하이젠베르크가 기틀을 다진
양자 역학의 핵심은
그가 1925년에 발표한
논문의 초록에 정리되어 있다.

※ 초록: 논문의 내용을 간결하게 요약한 글.

"오로지 원리적으로
측정할 수 있는 양 사이의
관계만을 근거로
이론 양자 역학의 기반을
정립하고자 한다."

BERNER
HEISENBERG

257

고등학생 때 대학 수학 강의를 들을 만큼
탁월한 수학적 재능을 가졌던 하이젠베르크는
보어에게 영감을 받아 양자 이론을 수학으로 기술하는 데 성공했다.

하이젠베르크가 확립한 새로운 역학 체계는
행렬 역학 Matrix mechanics이라고 하는데,
행렬은 당시 물리학자들이 잘 사용하지 않는
낯선 수학이었고 계산도 복잡했다.

아무튼 행렬 역학은 이상한 원자의 세계를 제대로 설명해주었고,
하이젠베르크는 현대 양자 역학의 체계를 세우는 데 핵심이 되었다.
양자 역학에서 하이젠베르크만큼이나 중요한 사람이 있을까?
있다. 그 사람에 대해서는 다음 장에서 살펴보기로 하자.

⬑ 이게 정상이다.

11장
양자 역학 II

이해할 수 없음에도 불구하고

1925년 12월,
그는 스위스의 외딴 별장에서 부인이 아닌 여성과 휴가를 보냈고
물리학의 역사를 바꾸게 될 방정식을 떠올렸다.

이렇게 해서 탄생한 것이 그 유명한
슈뢰딩거의 파동 방정식 Schrödinger wave equation이다.
슈뢰딩거 방정식은 드 브로이의 파동-입자 이중성 이론에서
파동성에 초점을 맞춰 만든 방정식이었다.

하이젠베르크는 전자를 행렬이라는 추상적인 형태로 표현했고,
슈뢰딩거는 전자를 파동이라는 친숙한 모습으로 설명했다.
하이젠베르크는 슈뢰딩거 방정식이 마뜩잖았다.
슈뢰딩거의 논문이 발표된 직후
하이젠베르크는 동료에게 이런 편지를 썼다.

하이젠베르크의 행렬 역학과 슈뢰딩거의 파동 역학은
물리적으로 서로 다른 가정에서 비롯되었다.
그런데 놀라운 것은
두 가지 형태가 방법만 다를 뿐
수학적으로 동등하다는 것이었다.

양자 역학은 하이젠베르크의 행렬 역학과
슈뢰딩거의 파동 방정식이
세상에 나옴으로써 완성되었다고들 말한다.
이제 물리학자들은 행렬과 파동 중
하나를 선택해서 계산할 수 있게 되었다.

▲ 대다수의 물리학자는 보다 쉬운 슈뢰딩거의 방정식을 선호했다.

슈뢰딩거 방정식은 마술처럼 원자 세계의 현상을 완벽하게 설명했다.
이제 남은 문제는 파동 함수의 정확한 의미를 알아내는 것이었다.
즉 해석의 문제가 남은 것이다.

이 문제를 해결한 사람은 독일의 물리학자 막스 보른이었다.
슈뢰딩거는 원자를 고전 역학 스타일로 해석했는데,
보른은 이를 부정하고 완전히 다른 해석을 내놓았다.

막스 보른

보른은 하이젠베르크의 스승이기도 하고, 행렬 역학이 탄생하는 데 큰 도움을 준 사람이기도 하다.

보른은 입자의 파동이 입자 그 자체가 아니라
입자가 존재할 '**확률**'이라고 추측했다.
그는 이렇게 생각했다.

"공간상의 한 지점에서
주어진 파동의 크기는
그 지점에서 전자를
발견할 확률에 비례한다."

▲ 보른은 이 공로로 1954년 노벨물리학상을 받았다.

보른의 해석을 가상의 이미지로 시각화하면 이렇다.

슈뢰딩거는 보른의 확률 해석에 동의하지 않았다.
마찬가지로 아인슈타인도 몹시 불편하게 생각했다.
아인슈타인은 보른에게 이런 편지를 보냈다.

보른의 확률 해석이 나온 이듬해인 1927년,
하이젠베르크는 양자 역학의 핵심이자 근본이자 알파이자 오메가인
불확정성 원리 Uncertainty principle를 발견했다.

▲ 하이젠베르크는 아인슈타인의 저 말에서 힌트를 얻었다고 한다.

불확정성 원리란 무엇일까?
간단히 요약하면 미시 세계에서 서로 대응되는 두 개의 물리적 특성을
동시에 정확하게 아는 것은 원리적으로 불가능하다는 것이다.

이런 일은 왜 일어나는 것일까? 하이젠베르크는 이렇게 말한다.

이 말은 무슨 말일까? 우선 전자를 본다(관측한다)는 것은 어떻게 이루어지는지 떠올려 보자.

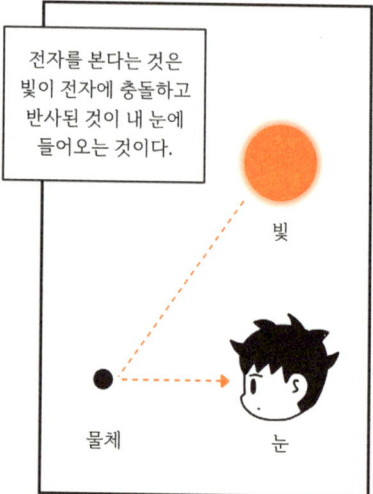

그런데 전자는 상상하기도 어려울 만큼 작기 때문에 빛을 맞으면 속도에 변화가 생긴다. 걷다가 강한 바람을 맞으면 속도가 변하는 것처럼 말이다.

보어는 하이젠베르크의 불확정성 원리에 대해 미적지근한 반응을 보였다.
도식화해서 정리하자면 하이젠베르크는
불연속성과 입자를 토대로 논리를 만들었고,
슈뢰딩거는 연속성과 파동을 기반으로 이론을 세웠다.

불확정성 원리를 두고 보어와 하이젠베르크는 서로 감정이 상할 만큼
격하게 부딪쳤다. (심지어 하이젠베르크는 눈물까지 흘렸다고 한다.)
하이젠베르크의 논리가 보어의 철학과 상반되었기 때문이었다.
보어는 이렇게 생각했다.

※보어의 이 아이디어를 **상보성 원리**
Complementarity principle라고 한다.

결국 두 사람은 상대의 주장을 부분적으로 수용함으로써 타협을 했고, 대충 큰 틀에서 같은 결론에 도달했다.
하이젠베르크는 자신의 논문에 이런 주석을 추가했다.

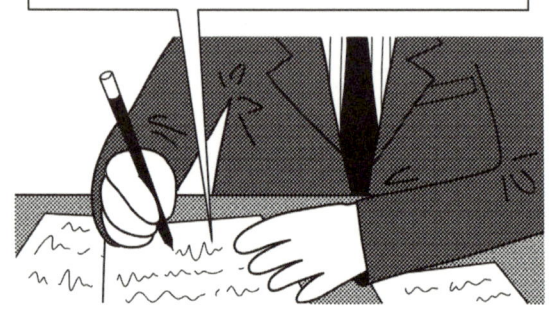

보어는 이 논문에 대해 나와 토론을 나누면서 내가 중요한 점을 간과했다고 지적한 바 있다. 불확정성은 불연속성 하나 때문에 발생하는 것이 아니라 "입자 이론과 파동 이론에 바탕한 상반된 실험 결과가 모두 옳아야 한다"는 요구 조건과 직접 관련되어 있다.*

보어는 철두철미한 연구 끝에 자신의 상보성 원리와 하이젠베르크의 불확정성 원리, 슈뢰딩거의 파동 함수와 보른의 확률 해석까지 포함하여 양자 이론의 새로운 해석을 내놓았다.

이는 훗날 **코펜하겐 해석** Copenhagen interpretation 이라고 불리며, 양자 역학의 표준 해석으로 자리 잡게 된다.

대중에게 널리 알려진 미국의 물리학자 미치오 카쿠는 자신의 저서
《평행우주》에서 코펜하겐 학파의 가정을 다음 세 가지로 요약했다.

1. 모든 에너지는 양자라고 하는 불연속 다발로 이루어져 있다.

2. 물질은 점 입자로 표현되지만, 입자가 발견될 확률은 파동으로 주어진다.

3. 관측이 행해지기 전에, 물체는 모든 가능한 상태에 '동시에' 존재한다. 이들 중 어떤 상태에 있는지 확인하려면 단 하나의 상태만이 관측 결과로 얻어진다.*

미치오 카쿠

뉴턴이 마련한 고전 역학에서 우주의 미래는 결정론적 성격을 띤다.
고전 역학에서는 주어진 순간에 대상의 위치와 속도만 알면
모든 시간에서 그 위치와 속도를 완벽하게 계산할 수 있다.
그 때문에 고전 역학의 시공간에서 벌어지는 모든 사건은
인과성의 법률을 철저하게 따른다.

"뉴턴의 법칙을 이용하면 과거를 회상하는 것만큼 정확하게 미래를 예측할 수 있다. 우주를 이루고 있는 모든 입자의 위치와 속도를 정확하게 알고 있다면, 우주의 모든 과거와 미래를 아무런 모호함 없이 정확하게 알아낼 수 있다."**

피에르시몽 라플라스

18세기에 태어난 프랑스의 수학자.

그러나 양자 역학의 우주는 비결정론적 성격을 띤다.
불확정성 원리에 따라 전자의 위치와 속도는 동시에 알 수 없다.
따라서 미래의 위치와 속도에 대해서는 확률로 이야기할 수밖에 없기 때문이다.

코펜하겐 해석의 공식적인 데뷔는 불확정성의 원리가 발표되고
같은 해인 1927년, 제5차 솔베이 회의에서 이루어졌다.
솔베이 회의란 벨기에의 기업가 에르네스트 솔베이가
1912년에 설립한 과학 학회다.

▲ 물리학의 역사에서 가장 유명한 사진이다. 여기 있는 과학자 중 무려 17명이 노벨상 수상자다.

몇 년 전까지만 해도 양자 역학은
임시 모형으로 짜깁기된 불완전한 이론이었다.
그러나 이제는 행렬 역학, 슈뢰딩거 방정식 등에 불확정성 원리까지
더해지면서 튼튼한 체계를 갖추게 되었다.
코펜하겐 학파는 이 회의에서 양자 역학은 물리학적, 수학적 가설에 대해
더 수정할 필요 없는 완성된 이론이라고 선언했다.

아인슈타인은 그전부터 양자 역학이
기존의 물리학 원리를 무시하는 것이 불쾌했다.
그는 우주에 나타나는 모든 물리적 결과는
원인으로부터 유추할 수 있다고 믿었다.

솔베이 회의에서 보어와 맞붙은 아인슈타인은
양자 역학의 중추인 불확정성 원리에서 오류를 찾아내고자 했다.
아인슈타인은 여러 사고 실험을 통해 집요한 공격을 퍼부었고,
보어는 모든 공격을 방어했다.

솔베이 회의에 모였던 대부분의 물리학자는
아인슈타인과 보어의 논쟁에서 보어가 승리했다고 생각했다.
훗날 하이젠베르크는 이 회의를 '코펜하겐 정신'이
양자 역학을 정복한 순간으로 평가했다.
비록 아인슈타인은 끝까지 설득되지 않았지만,
양자 역학이 진리의 한 조각을 포함하는 이론이라는 점은 인정했다.

그러나 아인슈타인은 끝까지 포기하지 않았다.
1935년, 아인슈타인은 다른 두 명의 물리학자와 함께
양자 역학의 완전성에 의문을 제기하는 논문을 발표한다.
이 논문은 저자들 이름의 알파벳 첫 글자를 따서 EPR 논문이라고 부른다.

자세한 스토리는 길고 복잡한데 결론만 요약하면
EPR 논문에서 지적한 역설은 해결되었다.
EPR의 논리에는 **국소성**Locality이라는 개념이 중요한데,
국소성이란 어떤 물체가 멀리 떨어져 있는 다른 물체와
서로 직접적인 영향을 줄 수 없다는 것을 말한다.

다시 말해,
양자 역학은 두 물체가 우주 반대편에 있다 해도
양자 역학적으로 상호 연관되어 있으면 즉각적인 영향을 미친다고 이야기한다.
물리학에서는 이러한 특성을 **양자 얽힘**Quantum entanglement이라 부른다.

양자 역학을 설명할 때 빠지지 않고 등장하는 상징적인 실험이 있다.
이중 슬릿 실험이라고 들어봤는가?
(슬릿은 좁고 기다란 구멍 혹은 틈새를 뜻한다.)

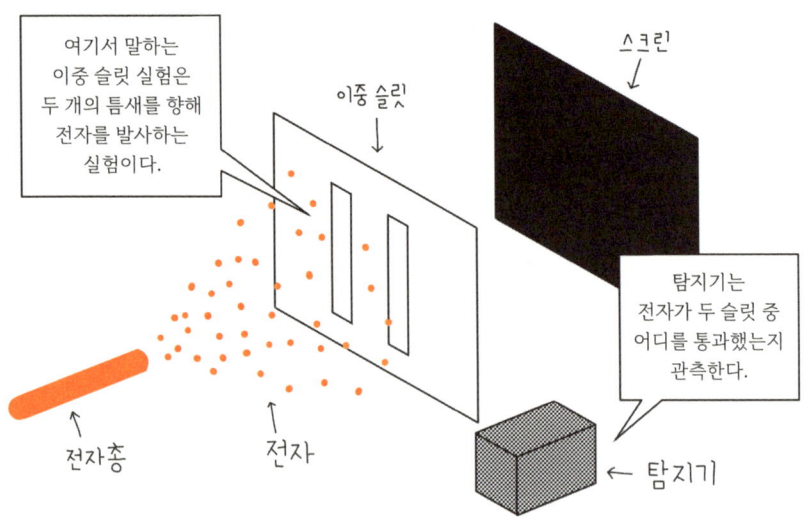

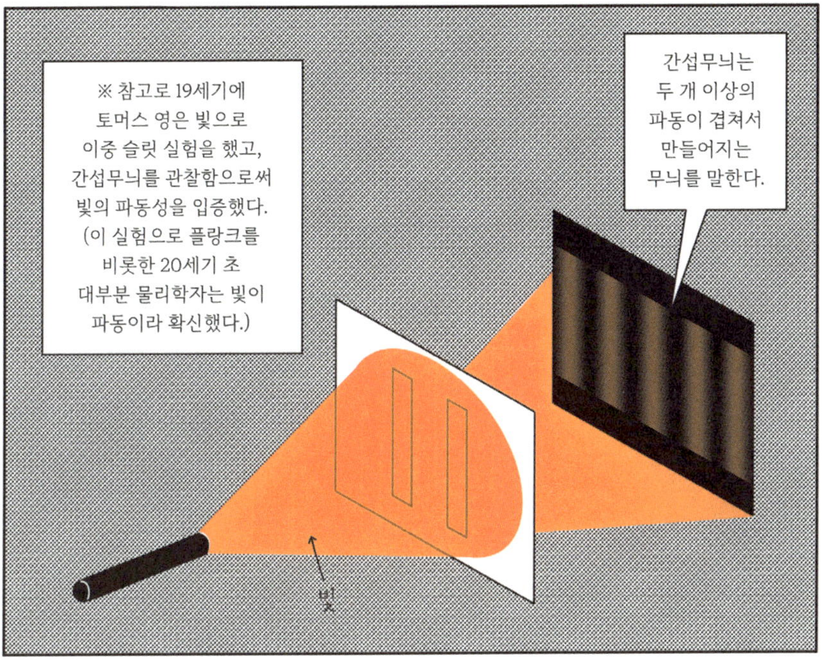

이중 슬릿 실험을 요약하면 이러하다.
이중 슬릿을 향해 전자를 하나씩 발사한다. 이때 탐지기를 끈 상태에서
(전자가 어느 슬릿을 통과하는지 측정하지 않은 상태에서)
전자를 쏘면 맞은편 벽에 간섭무늬가 생긴다.

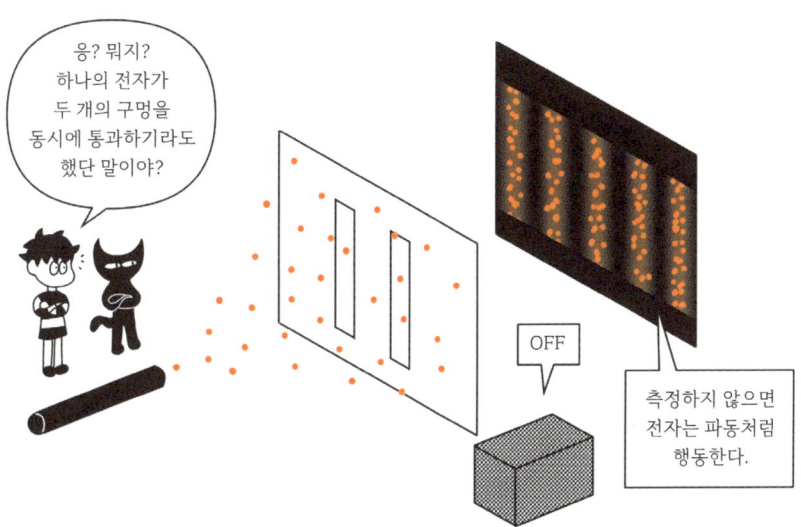

희한한 것은 탐지기를 켜고
(전자가 어느 슬릿을 통과하는지 확인하고) 전자를 쏘면,
전자는 오른쪽 혹은 왼쪽 어느 한 쪽 슬릿만을 통과하고,
맞은편 벽에는 기다란 두 줄의 무늬가 생긴다.

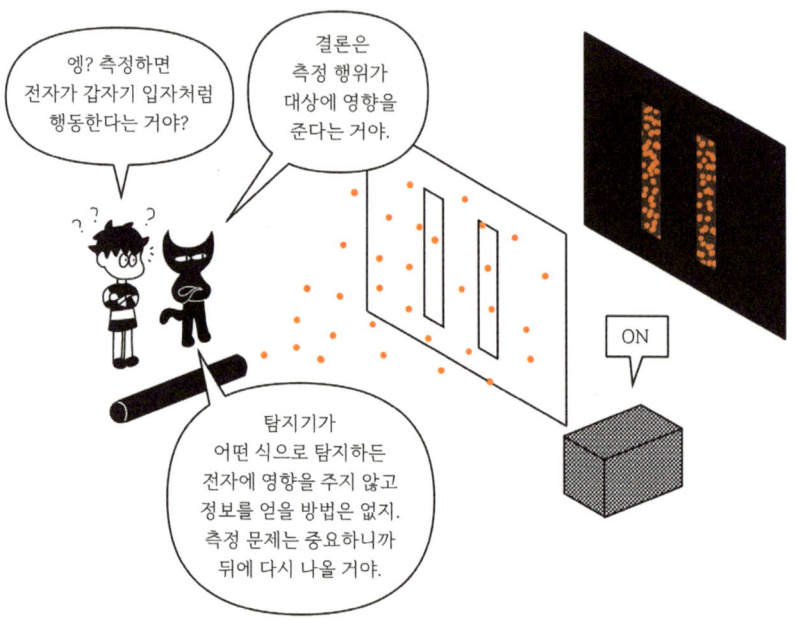

상식적으로 생각해서 전자가 측정하면 하나의 슬릿을 통과하고,
측정하지 않으면 두 개의 슬릿을 동시에 통과한다는 것을
받아들일 수 있을까?

코펜하겐 해석에 의하면 입자는 파동의 성질을 지니며
두 개의 슬릿을 동시에 지나기도 한다.
이처럼 복수의 가능성을 동시에 갖는 상태를 중첩 상태라 부르고,
측정으로 하나의 실재적 상태로 결정되는 상태를 고유 상태라 한다.

슈뢰딩거 방정식을 풀었을 때 알 수 있는 것은
전자의 위치가 아니라 전자가 존재할 확률이다.
실제 전자의 위치는 누군가 반드시 측정해야만 알 수 있다.
1935년, 슈뢰딩거는 코펜하겐 해석을 부정하기 위해
고양이를 이용한 사고 실험을 고안했다.

슈뢰딩거가 제안했던 복잡한 사고 실험을
수정해서 단순화하면 이렇다.

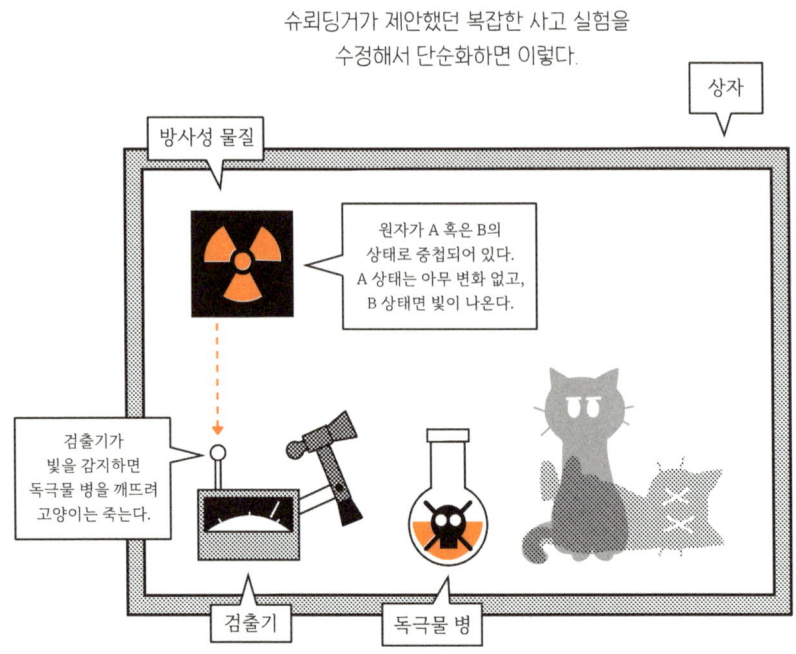

코펜하겐 해석에 의하면 원자는 A와 B의 중첩 상태에 있다.
그렇다면 원자의 상태에 영향을 받는 독극물 병 역시
멀쩡한 상태와 깨진 상태가 중첩되어 있다.
이 말인즉 상자를 열어 고양이를 관측하기 전 고양이는
살아 있으면서 동시에 죽어 있는 중첩 상태에 있다는 말이 된다.

▲ 이것이 그 유명한 슈뢰딩거의 고양이 역설이다.

슈뢰딩거는 미시 세계와 거시 세계를 연결함으로써
코펜하겐 해석을 반박하고자 했다.
그렇다면 미시 세계와 거시 세계의 경계는 어디일까?
이를 설명하는 **결어긋남**Decoherence 이론이라는 것이 있다.

앞에서 나온 이중 슬릿 실험에서 관측하지 않은 전자는
벽에 간섭무늬를 나타낸다고 했다. 이 결과는 전자의 결이
잘 맞은 상태이기 때문에 그렇다. 결이 어긋나면 파동이라도
간섭무늬가 나타나지 않고 입자처럼 두 개의 줄무늬를 나타난다.

그렇다면 거시 세계에 존재하는 고양이도 결이 맞으면 파동성을 보일까? 놀랍게도 답은 그렇다는 것이다. 그럼에도 현실에선 고양이가 파동성을 보이지 않는 이유는 뭘까? 답은 결어긋남이 일어나기 때문이다.

입자는 측정 당하면 결이 어긋나는데, 여기서 주의할 점은 측정한다는 것이 의식을 지닌 생명체가 관찰한다는 의미만을 뜻하는 게 아니라는 것이다. 실제로 이중 슬릿을 향해 날아가는 입자는 공기 분자 하나와 부딪쳐도 결어긋남이 일어나 파동성을 잃는다.

물리학자 김상욱 교수는 이에 대해 이렇게 설명한다.

코펜하겐 해석은 양자 역학을 이해하는 표준 해석 방식이지만,
모든 물리학자가 이에 동의하는 것은 아니다.
양자 역학의 해석 이론에는 여러 가지가 있는데
한 가지만 더 간단하게 소개하고 마무리하기로 하자.

1957년 당시 대학원생이었던 미국의 물리학자 휴 에버렛 3세는
다세계 해석 Many-worlds interpretation이라는 흥미로운 이론을 내놓았다.
다세계 해석에 의하면 파동 함수의 붕괴(관측으로 하나의 상태가 결정되는 일) 따위는
일어나지 않는다. 그럼 무슨 일이 일어난다는 것인가?
슈뢰딩거의 고양이를 예로 들어 설명하면
관측하는 순간 고양이가 살아 있는 우주와 죽어 있는 우주가 갈라진다!

※ 2013년에 있었던 어느 물리학 학회에서 지지하는 양자물리학 해석에 관한 투표를 실시했는데,
코펜하겐 해석은 42%를 얻었고, 다세계 해석도 (무려) 18%를 획득했다.

누가 뭐래도 양자 역학은 제대로 작동한다. 그러나
양자 역학이 제대로 작동하는 이유를 아는 사람은 아무도 없다.
양자 역학은 난해하고 기괴하고 복잡하다.
그럼에도 불구하고 역사상 가장 성공적인 물리학 이론으로 꼽힌다.
여전히 해석 문제는 남아있지만,
적어도 이론의 옳고 그름을 의심하는 물리학자는 없다.

양자 역학을 공부하다 보면 이해할 수 없음에
짜증이 나기도 하지만, 신비로움에 감탄이 터지기도 한다.
도무지 이해되지 않는 양자 역학의 세계를
우리는 어떻게 받아들여야 할까?
물리학자는 이렇게 조언한다.

그렇다고 한다.

---

* 이 대사는 물리학자 김상욱 교수가 출연한 여러 강연의 발화 내용을 참고해 작성했다.

12장
초끈 이론

우주는 진동하는 끈인가?
혹은 막幕인가?

인간이 우주를 이해하기 위한 방법은 두 가지로 갈라졌다.
일반 상대성 이론과 양자 역학. 일반 상대성 이론과 양자 역학은
각자 고유 영역에서 우주의 자연현상을 놀랍도록 정확하게 설명해 준다.

물론 그럴 리 없다.
물리학자들에게 맡겨진 가장 중요한 임무가 남아 있기 때문이다.
고양이와 물처럼 섞이지 않는 일반 상대성 이론과 양자 역학을
보드랍게 연결하여 하나의 이론으로 통합하는 것이 바로 그 일이다.
(이 두 이론을 조화롭게 결합하는 것은
이론 물리학 역사상 가장 풀기 어려운 숙제다.)

저명한 미국의 물리학자 스티븐 와인버그는 이렇게 말했다.

"물리학의 목표는 더 많은 우주의 현상을 보다 더 간단한 원칙들로 설명하는 것이다."

스티븐 와인버그

◀ 1979년 노벨물리학상 수상.

영국의 물리학자 마이클 그린은 이렇게 말하기도 했다.

"물리학자들은 간단한 방식으로 다양한 현상을 설명할 수 있다면 그것을 진보라고 부른다."

마이클 그린

◀ 끈 이론의 선구자 중 한 명.

아인슈타인이 생의 후반 30년을 바쳐 매달렸던 문제도 전자기력과 중력을 통합하여 통일장 이론을 만드는 것이었다.

아인슈타인은 우주에 존재하는 힘을 하나의 원리로 명확하게 설명할 수 있는 통일 이론을 만들고자 했습니다.

오늘날 이론 물리학자들의 최대 현안은 일반 상대성 이론과 양자 역학을 결합하여 통일 이론을 만드는 것이지요.

참고로 우리 우주에는 네 가지 힘이 지배한다.
친구처럼 익숙한 **중력**,
도처에 널려 있지만 대부분 잘 모르는 **전자기력**,
원자핵 내부에서 벌어지는 **강력**과 **약력**이다.

중력은 이미 실컷 설명했으니까 패스!

더 이상의 자세한 설명은 생략한다.

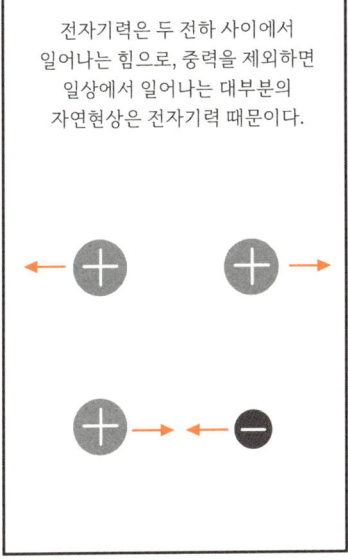

전자기력은 두 전하 사이에서 일어나는 힘으로, 중력을 제외하면 일상에서 일어나는 대부분의 자연현상은 전자기력 때문이다.

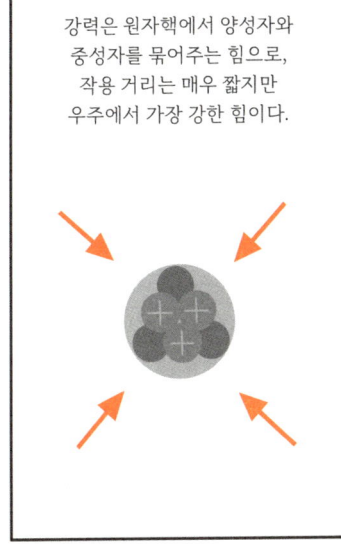

강력은 원자핵에서 양성자와 중성자를 묶어주는 힘으로, 작용 거리는 매우 짧지만 우주에서 가장 강한 힘이다.

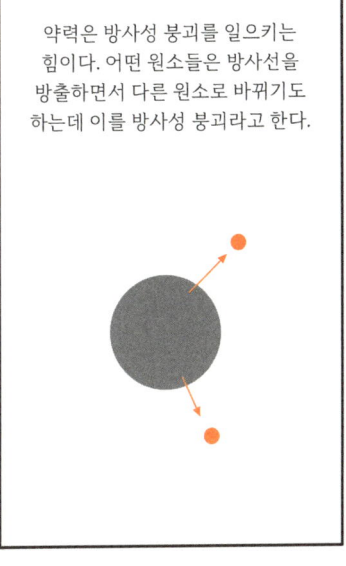

약력은 방사성 붕괴를 일으키는 힘이다. 어떤 원소들은 방사선을 방출하면서 다른 원소로 바뀌기도 하는데 이를 방사성 붕괴라고 한다.

일반 상대성 이론과 양자 역학의 미끈한 연결 고리로
유력하게 거론되는 후보가 바로 초끈 이론이다.
인기 미국 드라마 <빅뱅이론>의 주인공
쉘든 쿠퍼가 연구했던 주제로도 유명하다.

초끈 이론이 추구하는 장엄한 목표는
우주에서 벌어지는 모든 현상을 단 하나의 원리로 통일하는 것이다.
많은 물리학자는 우주에 존재하는 모든 힘과 물질의 특성을
설명해 줄 하나의 궁극적 이론이 존재한다고 믿는다.

끈 이론의 기본적인 아이디어는 다윈의 진화론만큼이나 깔끔하다.
만물의 기본 입자는 점이 아니라 **진동하는 끈**이라는 것이다.

끈 이론은 얼떨결에 발굴된 이론으로 그 출발은 1968년이었다.
당시 이탈리아의 물리학자 가브리엘레 베네치아노는 강력을 기술하는데
18세기의 위대한 수학자 레온하르트 오일러가 발견한 오일러 베타함수가
신기할 정도로 꼭 맞는다는 사실을 발견했다.

가브리엘레 베네치아노

우연히도 오일러 베타함수가 강력을 잘 설명해 주긴 했지만,
그 이유는 알 수 없었다. 강력과 오일러 베타함수에 얽힌 비밀은
1970년 요이치로 난부, 레너드 서스킨드 등의 물리학자들에 의해 밝혀졌는데,
그 비밀은 오일러 베타함수가 진동하는 1차원 끈의 수학적 표현이라는 것이었다.

◀ 미국의 물리학자.
끈 이론의 창시자
중 한 명.

그러나 강력을 진동하는 끈으로 설명하는 이론은
새로운 데이터들과 불협화음을 일으켰다.
게다가 양자 역학 사이의 논리적 불일치까지 발견되면서
끈 이론은 결국 대부분의 물리학자에게 버림받았고,
오직 소수의 추종자만이 끈 이론에서 무언가를 기대하고 있었다.

◀ 미국의 물리학자.
이분도 끈 이론의
창시자 중 한 명.

그러던 중 1984년 존 슈워츠와 영국의 물리학 마이클 그린은
끈 이론에 내재한 양자 역학적 모순점을 해결하는 쾌거를 이루었다.
이로써 쓰레기통에 잠들어 있던 끈 이론은 물리학의 핫이슈로
급부상할 수 있었고, 마침내 끈 이론의 1차 혁명이 시작되었다.

끈 이론은 우주의 모든 힘을 설명하는
만물의 이론이라는 점에서 존귀한 매력을 갖고 있다.
입자 물리학에서는 표준모형이라 불리는 성공적인 이론이 있는데,
표준모형은 전자기력과 약력, 강력을 통일하는 데 성공했다.
다만 문제는 중력이었다.

표준모형에서는 물질의 최소 단위를 크기가 없는 0차원의 점으로 가정한다.
하지만 끈 이론에서는 물질의 최소 단위를 극히 미세한 크기를 가진
1차원의 끈으로 가정했기에 무한대의 문제가 발생하지 않았다.

끈 이론에서는 다양한 입자들의 특성을 끈의 진동 패턴으로 설명한다.
모든 끈은 동일하지만, 끈의 진동 패턴이 달라지면
다른 질량과 다른 힘 전하를 가지게 된다는 것이다.

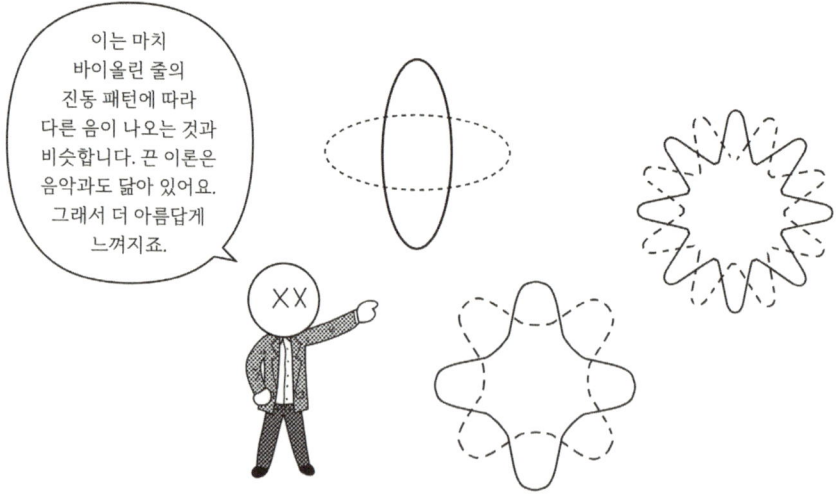

끈 이론의 또 다른 특징 중 하나는 그것이 최고 수준의 대칭성,
즉 **초대칭성**을 갖고 있다는 것이다. 초대칭성이란 뭘까?
국내에서도 유명한 미국 물리학자 브라이언 그린은 이렇게 말한다.

"자연계에 존재하는 힘들 뿐만 아니라 그 힘을 기술하는 수학 체계까지 통일시키고자 하는 이런 이론들은 가장 커다란 스케일의 대칭성을 갖고 있으며, 이를 간단히 줄여서 부르는 말이 바로 '초대칭성 supersymmetric'이다."*

초끈 이론이란 초대칭이 도입된 끈 이론을 말하죠.

브라이언 그린

아마 여기까지는 우리의 야담한 직관으로도
무리 없이 받아들일 수 있을 것이다.
그러나 SF보다 신박하고 판타지보다
놀라운 이야기는 지금부터 시작이다.

양자 역학이라는 예방 주사도 맞았잖아? 이젠 어떤 이야기가 나와도 괜찮겠지?

이번에는 무슨 이야기를 꺼내려고?

꿀꺽

초끈 이론의 놀랍고도 해괴한 가정 중 하나는
우리의 우주에 여분의 차원을 도입한 것이다.
그것도 한두 개의 차원도 아니고 무려 여섯 개나!

일찍이 아인슈타인은 공간과 시간을 통합했고,
그래서 우리는 3차원의 공간과 1차원의 시간을 합쳐서
4차원의 시공간이 존재한다고 생각한다.
하지만 초끈 이론은 9차원의 공간에 1차원의 시간을 더해
10차원의 시공간이 존재한다고 주장한다.

정말 그렇다면 나머지 6차원은 어디 숨어 있는 것일까?
이것을 이해하기 위해 빌딩 사이에 이어진 기다란 밧줄을 상상해 보자.
빌딩 사이에 이어진 밧줄을 아주 아주 먼 거리에서 본다면,
이 밧줄은 굵기가 없는 1차원의 선처럼 보일 것이다.

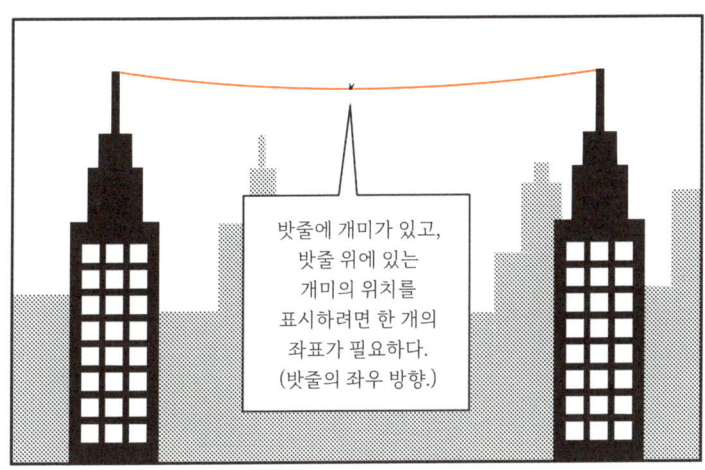

그러나 밧줄 위를 기어다니는 개미의 입장에서 보면
밧줄은 1차원의 선이 아니라 2차원의 면이다.
개미는 밧줄의 길이 방향으로 나아갈 수도 있고,
밧줄의 둘레를 따라 이동할 수도 있다.

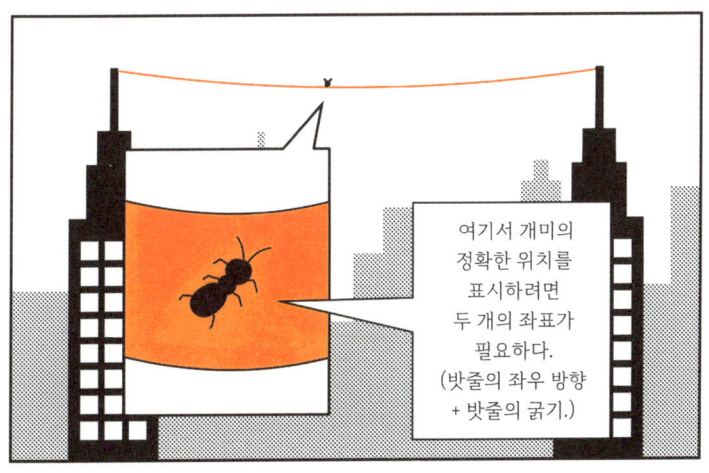

밧줄의 길이는 멀리서도 쉽게 인지할 수 있지만,
밧줄에 감겨 있는 또 하나의 차원(밧줄의 둘레)은 쉽게 감지할 수 없다.
이와 같은 맥락에서 나머지 여섯 개의 차원도 원자 보다 작은
극히 미세한 영역에 돌돌 말려 감겨져 있다는 것이
초끈 이론에서 말하는 숨겨진 차원의 정체다.

왜냐하면 초끈 이론은 확장된 차원에서만 논리가 성립하기 때문이다.
초끈 이론에서 입자의 특성은 말려 있는 여분 차원의 형태에 따라 결정된다.

1980년대에 끈 이론 학자들은 초대칭을 유지한 상태에서
10차원 중 6차원을 구겨 넣으면,
칼라비-야우 다양체 Calabi - Yau manifold라는
특수한 형태가 나온다는 것을 발견했다.

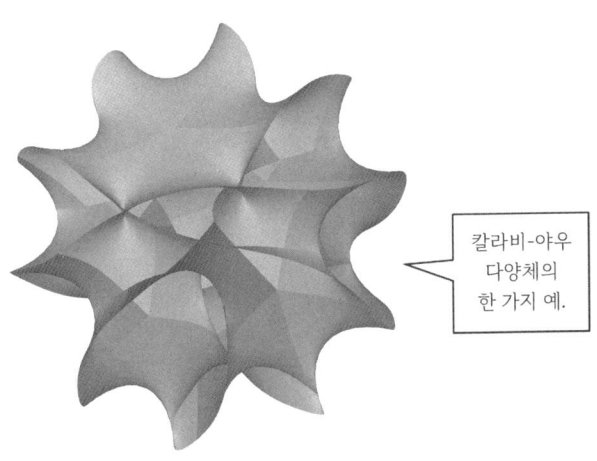

칼라비-야우
다양체의
한 가지 예.

따라서 칼라비-야우 다양체의 정확한 크기와 형태만 알 수 있다면
끈의 진동 패턴을 유추할 수 있게 되고, 이로부터
입자의 특성을 설명할 수 있게 되는 것이다.

그럴지도 모르겠다. 하지만 치명적인 문제가 있었다.
끈 이론의 방정식을 만족하는 칼라비-야우 다양체가 전 세계에 존재하는
고양이의 털 개수만큼이나 무수히 많다는 것이었다.

문제는 이것뿐만이 아니었다.
초끈 이론에 매료된 물리학자들이 몹시 열정적으로 연구한 나머지,
수학적 모순 없이 초대칭을 도입한 끈 이론이
하나가 아니라 무려 다섯 개나 생겨 버린 것이다.

끈 이론을 연구하던 과학자들은 수수께끼에 빠졌다.

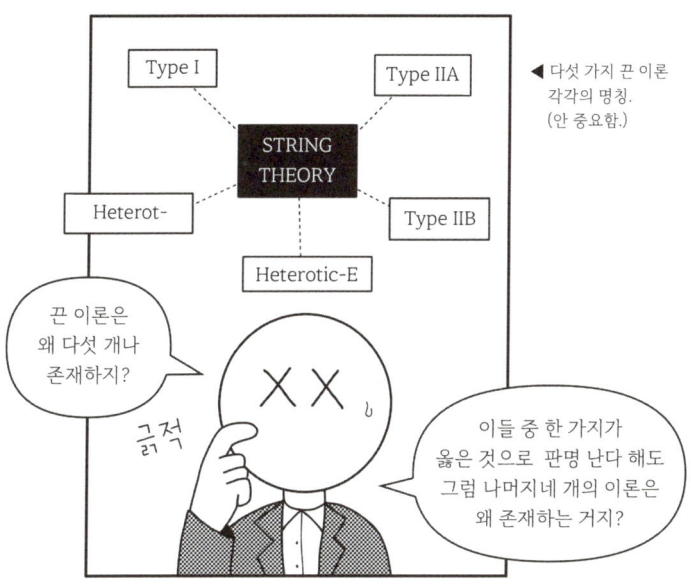

◀ 다섯 가지 끈 이론 각각의 명칭. (안 중요함.)

1990년대 중반, 침체기에 빠졌던 끈 이론에 수퍼히어로가 등장했다.
미국의 물리학자 에드워드 위튼이
다섯 가지 버전의 끈 이론을 하나로 통합하는 데 성공함으로써
좀비처럼 지쳐 있던 초끈 이론 연구자들에게 활력을 불어넣은 것이다.

◀ 《타임》지 선정 현존 최고 물리학자이자 초끈 이론의 수퍼히어로.

위튼은 다섯 가지 버전의 끈 이론이 별개의 이론이 아니라,
하나의 이론을 수학적으로 해석한 다섯 가지 방법이라는 것을 증명했다.
그리하여 초끈 이론의 2차 혁명이 도래한다.

끈 이론은 다섯 가지 이론을 통합하여
M-이론으로 진화했지만, 치러야 하는 대가도 있었다.
우주의 차원이 11차원 시공간으로 늘어난 것이다.

혜성처럼 등장한 M-이론은 차원을 늘렸을 뿐 아니라,
기존 끈 이론에서 끈의 개념까지 확장했다.
1차원의 끈을 비롯해 고차원의 **막**Membrane이라는 개념을 추가한 것이다.
(멤브레인Membrane은 줄여서 브레인Brane이라고도 부른다.)

M-이론에 의하면 브레인은 3차원 이상이 될 수도 있고,
에너지가 충분하다면 우주만 한 크기가 될 수도 있다.
또한 이 모든 브레인들은 끈처럼 진동하거나 움직일 수도 있다.

초끈 이론 학자들이 **브레인세계 가설**Branewolrd scnenario 이라고 부르는 흥미로운 이론이 있다. 브레인세계 가설에서는 우리 우주를 고차원 공간에 표류하는 3차원의 막, 즉 3-브레인이라고 가정한다.

어쩌면 우리 우주는 더 넓은 고차원의 우주 안에 있는 막 위에 존재할 수도 있습니다.

시각적 이해를 돕기 위해 우리 우주의 차원을 하나 낮춰서 2차원의 무한한 평면, 즉 2-브레인이라고 간주해 보자.

← 우리 우주

2차원이라도 무한한 평면은 그릴 수 없으므로 2차원 평면 조각 하나가 무한한 우리 우주라고 생각하자. 물론 평면 조각의 두께는 없다고 가정해야 한다.

우리 2차원 평면 우주가 3차원 덩어리의 일부라면,
3차원 덩어리 안에는 우리 2차원 평면과 다른
2차원 평면이 무수히 포함되어 있을 것이다.

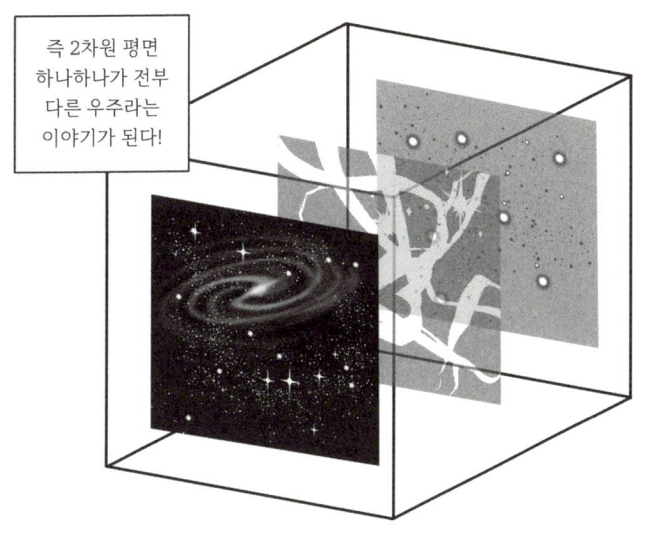

즉 2차원 평면 하나하나가 전부 다른 우주라는 이야기가 된다!

이런 식으로 브레인월드 가설에서는 우리 우주가
브레인 다중 우주 안에 포함된 수많은 우주(브레인) 중 하나라고 이야기한다.

브레인 다중 우주에 존재하는 다른 우주는 우리 우주와 비슷할 수도 있지만, 공간의 차원이 각각 다르기에 물리적 환경은 완전히 다를 겁니다.

심지어 어떤 우주는 우리 우주 바로 옆에 바짝 붙어 있을 수도 있죠.

그렇다면 바로 옆에 있는 다른 브레인 우주는 왜 볼 수 없을까?
자세한 내용은 매우 복잡하지만, 정리하면 초끈 이론의 수학이
어떤 입자든지 브레인을 벗어나는 것을 금지하고 있기 때문이다.
단 한 가지만 빼고. 바로 중력이다.
(정확하게는 중력을 매개하는 입자인 중력자다.)

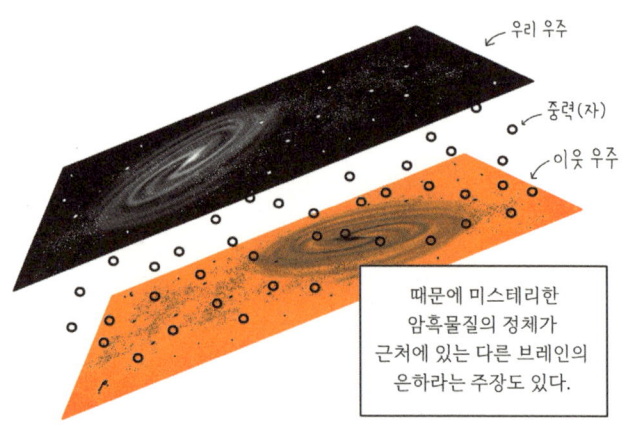

때문에 미스테리한 암흑물질의 정체가 근처에 있는 다른 브레인의 은하라는 주장도 있다.

놀라운 이야기는 여기서 끝이 아니다.
이웃한 브레인 우주끼리는
중력(혹은 우리가 알지 못하는 어떤 힘)에 의해 서로 충돌할 수도 있다.
두 개의 브레인이 충돌하면 무슨 일이 벌어지는가?

이 우주적 충돌은 모든 천체의 종말과 함께 빅뱅과 같은 새로운 시작을 야기한다.

일부 물리학자들은 이 어마어마한 사건을 빅 스플랫Big splat 이라고 부른다.

※ splat은 납작한 것이 부딪칠 때 나는 의성어다.

이러한 주장을 하는 연구팀은 빅 스플랫이 일어날 때
두 브레인이 합쳐지지 않고 튕겨 나간다고 이야기한다.
그렇게 멀어진 두 브레인은 중력으로 인해 다시
가까워져 충돌하는데, 이를 무한히 반복한다는 것이다.
이처럼 일정한 간격으로 반복되는 우주를
주기적 다중 우주 Cyclic multiverse라고 한다.

"우주 팽창의 가속 현상은 충돌의 전조라고 할 수 있다. 우리에게 다가올 미래치곤 그다지 반가운 사건이 아니다."

폴 스타인하르트

▲ 주기적 다중 우주 가설을 주장하는 미국의 물리학자.

이 밖에도 호기심을 자극하는 여러 버전의 다중 우주 가설이 존재하지만,
이 만화에서는 여기까지만 소개하기로 한다.

이 만화도 슬슬 마무리할 때가 되었으니까.

과연 초끈 이론은 아인슈타인 꿈꾸던 만물의 이론이 될 수 있을까?
20세기 말에 핫하고 트렌디한 이론으로 전성기를 누렸던 초끈 이론의
현재 모습은 왕년의 스타를 보는 것만 같다.

미국의 물리학자 미치오 카쿠는 이렇게 말하기도 했다.

All or Nothing!
초끈 이론의 진위는 물리학자들이 밝혀내야 할 과제일 것이고,
언젠가 판가름 나는 날도 올 것이다.
만약 아무 것도 아닌 것으로 판명난다면, 초끈 이론은 무의미한 걸까?
나는 초끈 이론이 옳은 것으로 밝혀져도 빅 뉴스라고 생각하지만,
그것이 틀린 것으로 드러나도 큰 사건이라 생각한다.

틀린 이론이 결과적으로 엄청난 발견으로 이어지기도 하는 것처럼.

무언가가 아니라는 것을 확실히 알게 될 때 확실히 알게 되는 것도 있기 때문이지.

과학은 반증 불가능한 명제를 다루지 않는다.
과학사를 보면 어떤 이론은 옳았기 때문에 의미가 있었지만,
어떤 이론은 틀렸기 때문에 의미가 있었다.
그렇기에 과학에서 의미가 없는 것은 아무것도 없다.
의미 없는 것은 아무것도 없다.
이 만화도 그럴까? 그랬으면 좋겠다.

《만화로 읽으면 안 어려운 천문학》마침.

휴우-

감사의 말

이 만화를 그리는 데 여러 방면으로 신세를 졌다.
우선, 138억 년 전 빅뱅이 없었다면
아무것도 시작하지 못했을 것이다.

땡큐. 빅뱅!
넌 모든 존재에게
기회를 준
위대한 사건이야.

글은 머리가 아니라 엉덩이로 쓴다는 말이 있다.
중력은 마음이 들뜨고 엉덩이가 들썩거릴 때마다
조금이나마 더 길게 책상 앞을 지킬 수 있게 도와주었다.

아주 오랜 시간, 진짜 먼 거리를
열심히 건너온 총총한 별빛들에게도 큰 빚을 졌다.
반짝이는 별은 나에게 이 책을 쓸 동기를 건네주었다.

마지막으로
우주를 사랑하고 이해하기 위해 노력하는 모든 사람에게
존경과 찬사와 고마움을 표하고 싶다.

우주에 집착하는 인간은 훌륭하다.
무한소에 가까운 인간이
무한대에 가까운 우주를 탐구한다는 것은
무척이나 멋진 일이기 때문이다.
그렇지 않은가?

:)

- 미주
- 용어 사전
- 참고 문헌
- 참고 출처

미주

1장
35쪽 칼 세이건 지음, 홍승수 옮김, 《코스모스》, 사이언스북스, 2006, 50쪽.

2장
50쪽 아이작 모시모프 지음, 이충호 옮김, 《우주의 비밀》, 갈매나무, 2011, 111쪽.
51쪽 팀 제임스 지음, 김주희 옮김, 《천문학 이야기》, 한빛비즈, 2023, 38-39쪽에서 재인용.

3장
78쪽 아이작 뉴턴 지음, 박병철 옮김, 《프린키피아》, 휴머니스트, 2023, 10-11쪽.
92쪽 리처드 S. 웨스프폴 지음, 김한영·김희봉 옮김, 《아이작 뉴턴 4》, 알마, 2016, 387쪽에서 재인용.

4장
96쪽 리토비아스 휘터 지음, 배명자 옮김, 《불확실성의 시대》, 흐름출판, 2023, 336쪽.

5장
117쪽 닐 디그래스 타이슨 외 2명 지음, 이강환 옮김, 《웰컴 투 더 유니버스》, 바다출판사, 2019, 331쪽.
129쪽 스티븐 호킹·레오나르도 블로디노프 지음, 전대호 옮김, 《짧고 쉽게 쓴 '시간의 역사'》, 까치, 2006, 73쪽.
135쪽* 데이비드 보더니스 지음, 김희봉 옮김, 《$E=mc^2$》, 웅진지식하우스, 2014, 251쪽에서 재인용.
135쪽** 이 말은 1915년 11월 6일에 있었던 영국 왕립학술원과 왕립천문학회의 연합 학회에서 전자를 발견하여 노벨상을 수상한 J. J. 톰슨이 했던 말이다. 닐 디그래스 타이슨 외 2명 지음, 이강환 옮김, 《웰컴 투 더 유니버스》, 바다출판사, 2019, 349쪽.

6장

144쪽　스테판 다스콜리·아르튀르 투아티 지음, 손윤지 옮김, 《처음 떠나는 시공간 여행》, 북스힐, 2023, 95쪽.

152쪽　이강환 지음, 《빅뱅의 메아리》, 마음산책, 2017, 21쪽.

8장

205쪽　닐 디그래스 타이슨 지음, 홍승수 옮김, 《날마다 천체 물리》, 사이언스북스, 2018, 53쪽.

9장

213쪽　이강환 지음, 《빅뱅의 메아리》, 마음산책, 2017, 84쪽.

227쪽　힐러리 로댐 클린턴·첼시 클린턴 지음, 최인하 옮김, 《배짱 좋은 여성들》, 교유서가, 2022, 196쪽.

10장

247쪽　토비아스 휘터 지음, 배명자 옮김, 《불확실성의 시대》, 흐름출판, 2023, 168쪽.

255쪽　토비아스 휘터 지음, 배명자 옮김, 《불확실성의 시대》, 흐름출판, 2023, 116쪽.

257쪽　루이자 길더 지음, 노태복 옮김, 《얽힘의 시대》, 부키, 2012, 135쪽.

11장

265쪽　원문에서 괄호 속 글은 생략해서 인용했다. 짐 배것 지음, 박병철 옮김, 《퀀텀스토리》, 반니, 2014, 121-122쪽.

268쪽　로랑 셰페르 지음, 이정은 옮김, 《퀀텀》, 한빛비즈, 2020, 135쪽.

270쪽　만지트 쿠마르 지음, 이덕환 옮김, 《양자혁명 : 양자물리학 100년사》, 까치, 2014, 280쪽.

272쪽　짐 배것 지음, 박병철 옮김, 《퀀텀스토리》, 반니, 2023, 169-170쪽.

273쪽*　미치오 카쿠 지음, 박병철 옮김, 《평행우주》, 김영사, 2006, 279쪽의 내용을 요약.

273쪽**　미치오 카쿠 지음, 박병철 옮김, 《평행우주》, 김영사, 2006, 249쪽에서 재인용.

285쪽　김상욱 지음, 《김상욱의 양자 공부》, 사이언스북스, 2017, 55쪽.

12장

294쪽　미치오 카쿠 지음, 박병철 옮김, 《평행우주》, 김영사, 2006, 300쪽.

296쪽　브라이언 그린 지음, 박병철 옮김, 《우주의 구조》, 승산, 2005, 465쪽.

299쪽　브라이언 그린 지음, 박병철 옮김, 《엘러건트 유니버스》, 승산, 2006, 258쪽.

312쪽　미치오 카쿠 지음, 박병철 옮김, 《평행우주》, 김영사, 2006, 300-301쪽.

용어 사전

ㄱ

구상성단 Globular cluster : 몇만에서 몇백만 개의 별이 중력에 의해 공 모양으로 뭉쳐 있는 집단. 우리은하 전체에 퍼져 있다.

근일점 Perihelion : 타원 궤도를 도는 행성이 태양과 가장 가까워지는 지점. 반대말은 원일점 aphelion.

ㄷ

도플러 효과 Doppler effect : 도플러 이동(Doppler shift)이라고도 한다. 소리를 내는 물체와 관찰자가 상대적으로 어떻게 움직이는지에 따라 소리의 높이가 변하는 현상.

ㅅ

성운 Nebula : 별과 별 사이 높은 밀도로 뭉쳐있는 가스와 먼지 등으로 이루어진 물질.
한때는 별보다 부옇게 보이는 천체를 모조리 성운으로 취급했으나, 그중 많은 것들이 은하로 밝혀졌다.

세페이드 변광성 Cepheid variable : 변광성(變光星)은 밝기가 변하는 별이란 뜻으로, 세페이드 변광성은 밝기가 변하는 별의 한 유형이다.

ㅇ

안드로메다 은하 Andromeda Galaxy : (적당히 큰 은하 중에) 우리 은하와 가장 가까이 있는 이웃 은하.

에테르 Ether : 아리스토텔레스 버전. 천상에 존재하는 영원히 불변하고 투명한 가상의 원소.

우주 Universe : 모든 형태의 물질과 에너지를 포함하여, 시간과 공간까지 아우르는 존재하는 모든 것.

원일점 Aphelion : 타원 궤도를 도는 행성이 태양과 가장 멀어지는 지점. 반대말은 근일점 perihelion.

위성 Satellite : 행성과 같은 천체 주변을 공전하는 천체.

은하단 Galaxy cluster : 수백에서 수천 개로 이루어진 은하 집단.

ㅈ

절대온도 Absolute temperature : 열역학의 표준 온도로 단위는 K라고 표기하며 켈빈 kelvin이라고 읽는다.

주전원 Epicycle : 원 위를 따라 중심이 이동하는 원.

중력렌즈 Gravitational lens : 멀리 있는 별빛이 중간에 있는 천체의 중력장에 의해 굴절되어 보이는 현상.

지구 중심설 Geocentric theory : 우주의 중심이 지구라고 믿었던 우주관으로 흔히 천동설 天動說이라고도 부른다.

ㅊ

천구 Celestial sphere : 관측자를 중심으로 둥글게 보이는 커다란 가상의 구. (별들이 모여있는 천장 같은 것을 상상해 보자.)

천체 Celestial body : 우주에 있는 물질적 대상의 총칭.

초신성 Supernova : 별이 마지막 단계에서 폭발함으로써 일시적으로 대량의 에너지를 방출해 매우 밝게 빛나는 현상.

ㅋ

퀘이사 Quasar : 수십억 광년 이상 떨어져 있는 천체로, 아주 멀리 있는 은하의 중심핵이다.
그 은하의 중심에는 거대한 블랙홀이 있고, 은하의 수백 배에 달한 만큼 밝은 빛을 내뿜는다.

ㅌ

태양 중심설 Heliocentric theory : 태양이 우주의 중심이라고 믿었던 우주관. 흔히 지동설地動說이라고 부른다.

ㅎ

항성 Fixed star : 스스로 빛을 내는 천체. 별과 동의어이다. (태양도 별이다.)

행성 Planet : 항성 주변을 공전하는 구형에 가까운 모양의 천체.

혜성 Comet : 태양계를 도는 작은 천체로 다음과 같은 특징을 갖는다. 혜성의 핵은 얼음과 먼지 등으로 이루어져 있다. 특히 눈에 띄는 점은 태양에 가까워질 때 얼음이 녹으면서 생기는 화려한 꼬리다. 대체로 행성보다 훨씬 얇고 긴 타원 궤도를 돈다.

흑점 Sunspot : 태양의 표면에서 어둡게 보이는 부분. 태양의 자기장 영향으로 주변보다 상대적으로 온도가 낮다.

참고 문헌

- 김상욱 지음,《김상욱의 과학공부》, 동아시아, 2016
- 김상욱 지음,《김상욱의 양자 공부》, 사이언스북스, 2017
- 김상욱 지음,《떨림과 울림》, 동아시아, 2018
- 닐 디그래스 타이슨 지음, 홍승수 옮김,《날마다 천체 물리》, 사이언스북스, 2018
- 닐 디그래스 타이슨 외 2명 지음, 이강환 옮김,《웰컴 투 더 유니버스》, 바다출판사, 2019
- 다케우치 가오루 지음, 김재호·이문숙 옮김,《친절한 우주론》, 전나무숲, 2021
- 데이비드 보더니스 지음, 김희봉 옮김,《E=mc2》, 웅진지식하우스, 2014
- 로랑 셰페르 지음, 이정은 옮김,《퀀텀》, 한빛비즈, 2022
- 루이자 길더 지음, 노태복 옮김,《얽힘의 시대》, 부키, 2012
- 리처드 뮬러 지음, 강형구·장종훈 옮김,《나우: 시간의 물리학》, 바다출판사, 2019
- 리처드 S. 웨스트폴 지음, 김한영·김희봉 옮김,《아이작 뉴턴 3》, 알마, 2016
- 리처드 S. 웨스트폴 지음, 김한영·김희봉 옮김,《아이작 뉴턴 4》, 알마, 2016
- 만지트 쿠마르 지음, 이덕환 옮김,《양자혁명 : 양자물리학 100년사》, 까치, 2014
- 미치오 카쿠 지음, 박병철 옮김,《평행우주》, 김영사, 2006
- 브라이언 그린 지음, 박병철 옮김,《멀티 유니버스》, 김영사, 2012
- 브라이언 그린 지음, 박병철 옮김,《엔드 오브 타임》, 와이즈베리, 2021
- 브라이언 그린 지음, 박병철 옮김,《엘러건트 유니버스》, 승산, 2002
- 브라이언 그린 지음, 박병철 옮김,《우주의 구조》, 승산, 2005
- 스테판 다스콜리·아르튀르 투아티 지음, 손윤지 옮김,《처음 떠나는 시공간 여행》, 북스힐, 2023
- 스티븐 호킹·레오나르도 믈로디노프 지음, 전대호 옮김,《짧고 쉽게 쓴 '시간의 역사'》, 까치, 2014

- 아이작 뉴턴 지음, 박병철 옮김, 《프린키피아》, 휴머니스트, 2023
- 아이작 아시모프 지음, 이충호 옮김, 《우주의 비밀》, 갈매나무, 2011
- 움베르트 에코·리카르도 페드리가 지음, 윤병언 옮김, 《경이로운 철학의 역사 1》, 아르테, 2019
- 윤성철 지음, 《우리는 모두 별에서 왔다》, 21세기북스, 2020
- 위르겐 타이히만 지음, 전은경 옮김, 《청소년을 위한 천문학 여행》, 비룡소, 2014
- 이강환 지음, 《빅뱅의 메아리》, 마음산책, 2017
- 이광식 지음, 《내 생에 처음으로 공부하는 두근두근 천문학》, 더숲, 2017
- 이광식 지음, 《십대, 별과 우주를 사색해야 하는 이유》, 더숲, 2013
- 이광식 지음, 《천문학 콘서트》, 더숲, 2018
- 이종필 지음, 《물리학 클래식》, 사이언스북스, 2012
- 이종필 지음, 《물리학, 쿼크에서 우주까지》, 김영사, 2023
- 조 던클리 지음, 이강환 옮김, 《우리 우주》, 김영사, 2021
- 짐 배것 지음, 박병철 옮김, 《퀀텀스토리》, 반니, 2014
- 칼 세이건 지음, 홍승수 옮김, 《코스모스》, 사이언스북스, 2006
- 카를로 로벨리 지음, 김현주 옮김, 《모든 순간의 물리학》, 쌤앤파커스, 2017
- 콜린 스튜어트 지음, 허성심 옮김, 《심심할 때 우주 한 조각》, 생각정거장, 2019
- 토니 로스먼 지음, 이강환 옮김, 《빅뱅의 질문들》, 한겨레출판, 2022
- 토비아스 휘터 지음, 배명자 옮김, 《불확실성의 시대》, 흐름출판, 2023
- 팀 제임스 지음, 김주희 옮김, 《양자역학 이야기》, 한빛비즈, 2023
- 팀 제임스 지음, 김주희 옮김, 《천문학 이야기》, 한빛비즈, 2023
- 혼다 시케치카 지음, 조영렬 옮김, 《그림으로 이해하는 우주 과학사》, 개마고원, 2006
- 힐러리 로댐 클린턴·첼시 클린턴 지음, 최인하 옮김, 《배짱 좋은 여성들》, 교유서가, 2022
- EBS 다큐프라임 《빛의 물리학》 제작팀 지음, 《빛의 물리학》, 해나무, 2014

참고 출처

그림 / 사진 / 그래프

- 147쪽   NASA/JPL-Caltech/ESO/R. Hurt
- 157쪽   PNAS(Proceedings of the National Academic of Science of the USA)
- 168쪽   원은일 지음,《우주 탄생의 비밀을 찾아서》, 세창출판사, 29쪽 그래프 참고.
- 185쪽   Courtesy NASA/JPL-Caltech
- 206쪽   Wikipedia/Quantum Doughnut
- 207쪽   NASA/WMAP Science Team
- 208쪽   esa.int/ESA and the Planck Collavoration
- 217쪽   NASA/WMAP Sclence Team
- 229쪽   조 던클리 지음, 이강환 옮김,《우리 우주》, 김영사, 183쪽 그래프 참고.
- 274쪽   Wikimadia/Benjamin Couprie
- 303쪽   Wikimadia/Andrew J. Hanson

영상

- 287쪽

  - EBS 컬렉션-사이언스, "양자역학에 대한 궁금증 Q&A", 유튜브, 2:57~3:15, bit.ly/3HF4r1R

  - NOL 인터파크투어-김태훈의 게으른 책읽기 41회 1부 김상욱 교수님, "인간을 이해하는 데 물리학이 필요한 이유", 유튜브, 19:55~20:30, bit.ly/4n1z01S

  - 클래스e-편의점클라쓰e 29화 김상욱 편, 유튜브, 17:20~17:39, m.site.naver.com/1Kfll

만화로 읽으면
안 어려운 천문학

1판 1쇄 발행 2025년 6월 16일
1판 3쇄 발행 2025년 12월 2일

지은이 이즐라
감수자 지웅배

발행인 김기중
주간 신선영
편집 백수연, 민성원
경영지원 홍운선
펴낸곳 도서출판 더숲
주소 서울특별시 영등포구 당산로41길 11, E동 1410호 (07217)
전화 02-3141-8301
팩스 02-3141-8303
이메일 info@theforestbook.co.kr
페이스북 @forestbookwithu
인스타그램 @theforest_book
출판등록 2009년 3월 30일 제2025-000114호

ⓒ 이즐라, 2025

ISBN 979-11-94273-15-8 (03440)

※ 이 책은 도서출판 더숲이 저작권자와의 계약에 따라 발행한 것이므로
  본사의 서면 허락 없이는 어떠한 형태나 수단으로도 이 책의 내용을 이용하지 못합니다.
※ 잘못된 책은 구입하신 곳에서 바꾸어 드립니다.
※ 책값은 뒤표지에 있습니다.
※ 원고를 기다리고 있습니다. 출판하고 싶은 원고가 있는 분은 info@theforestbook.co.kr로
  기획 의도와 간단한 개요를 적어 연락처와 함께 보내주시기 바랍니다.